JN290833

先端巨大科学で探る地球

金田義行／佐藤哲也
巽 好幸／鳥海光弘――――［著］

東京大学出版会

Exploring the Earth Using State-of-the-Art Big Science

Yoshiyuki KANEDA, Tetsuya SATO,
Yoshiyuki TATSUMI and Mitsuhiro TORIUMI

University of Tokyo Press, 2008
ISBN 978-4-13-063707-7

はじめに

「先端巨大科学」という言葉から、皆さんはどんなイメージを持たれるだろうか。大規模な観測網や、巨大なコンピュータを駆使したシミュレーションなどのイメージを持つ方はおられるだろうか。

地球の現在と未来を考えるときに、地球システムを複眼的にとらえ、いろいろな時間スケールと空間スケールで総合的に観測することが、階層化されているさまざまなプロセスを探り、将来の姿を予測する上で大変重要である。つまり、時間的・空間的に広帯域な地球の事象を観測し、高い分解能で現象を捉えて現在の地球システムを理解するだけではなく、時空間の異なるスケールで発現する地球変動現象を統一的に理解し、将来の予測科学へ展開する、先端巨大科学が必要不可欠となる。

これまでの地球科学では、分解能は悪くとも広い範囲にわたった測定によって、大きな地球の姿を描き、そのシステムを探り出すという方向で研究されてきた。しかし、このような「多少分解能は悪くとも広範囲で測定する」ことは、地球の姿を平均的（必ずしも全体の平均ではなく、部分的な平均）に捉えることを意味する。地球システム研究の過程で、最初の段階ではこのような平均的な地球の姿を捉えることが優先されたが、最近の先端的な調査観測では、広域かつ高分解能な観測が、徐々にではあるが実現できるようになってきた。

たとえば、日本列島の下に横たわるマントルの構造に関して、これまで一〇〇km程度の平均的な不均質さが明らかになっていたが、最近の地球内部構造研究からは、数km程度の不均質さが島弧下マントルの中でも検知されるようになってきた。この結果、従来、予想・仮説でしかなかったマントルの構造と火山活動・地震活動との直接的な関連を、物質科学的にも十分検出することが可能となりつつある。また、地震研究においては、陸域を中心とした広域・稠密な地震観測網の整備によって、低周波微動やゆっくり地震など新たな地殻活動の存在とその時空間変動が把握されつつあり、これらの地殻活動と海溝型巨大地震との関係についての議論がなされている。今後このような高精度の観測技術の展開によって、たとえば地殻やマントルのcm／年単位以下の運動、地殻内部でのマグマや水の動きなどが精緻に把握され、地殻形成過程、プレート境界型地震発生過程、ならびに火成活動の一環としてのマグマ形成から噴出過程などの実証モデルの構築と予測型研究が展開できることがわかりはじめた。

このような研究は、地球表層の七割を占める海洋における観測技術開発、とくに海底観測網の整備や、革新的な海底掘削技術の開発、地殻変動・地震活動・熱流・電磁気変動などと同期した広域・稠密な地球観測技術の展開や、桁違いに多量の観測データを解析する計算機能力の飛躍的レベルアップ、さらにそれらを有効に予測科学へと連結するシステム科学的な解析法の展開があって、はじめて進められる。

本書では、こうした地球科学のうち、現在まで日本が主導で繰り広げてきた先進的な巨大観測科学や、これから展開する高精度観測科学がどのようなものなのか、また巨大計算資源を活用した今後の地球システムの予測研究の展望、そしてそれらから得られる研究成果を統合化し、どのように地球システムの理解へ導くかという先進的な解析研究について紹介する。

具体的には、

①地球深部探査船「ちきゅう」を活用した統合国際深海掘削計画の掘削対象に対応した掘削科学の現状と展望

②地球内部構造研究や海溝型地震研究をさらに進展させるため、地球内部変動・地殻活動をリアルタイムにモニタリングする海底観測ネットワークシステムの開発研究の現状と今後の展望

③地球システムの理解と予測のためのシミュレーション研究の現状と今後のシミュレーション研究の将来像

④観測科学と予測科学とつなぐ階層的な解析研究と、今後の地球科学の展開と予測科学の展望について、本書でわかりやすく紹介する。

二〇〇八年三月

著者を代表して

金田義行

はじめに

第1章 地球の記憶を掘り起こせ——深海掘削計画　巽　好幸　1

(1) なぜ海底を掘るのか　3
深海堆積物　海溝型巨大地震　海洋地殻と大陸地殻　海底に眠る資源
地殻内微生物

(2) 深海掘削の歴史とIODP　10
モホール計画　国際深海掘削プロジェクトの発展　ODPからIODPへ
IODPの主導を目指して

(3) 大陸誕生の謎に迫る——プロジェクトIBM　20

海洋島弧の地震学的構造　ＩＢＭの進化と大陸地殻形成モデル
ＩＯＤＰによる検証を目指して
（４）温室期地球の謎に迫る―プロジェクトＬＩＰ‐ＯＡＥ　28
温室期地球と地球システム変動　白亜紀地球システム変動のトリガー
作業仮説の検証に向けて
（５）人類未踏のマントルへの挑戦―プロジェクトMohole　36
モホ面とは？　海洋地殻・モホ面の実体を解明する
マントルの実体を解明する　モホールに向けて
終わりに　45

第２章　地球システムをリアルタイムで診断する
――地球テレスコープ計画　金田義行　47
（１）驚異に満ちた地下世界を探る　48
（２）地震波で見る地球内部　53
（３）地震計ネットワークで探る　62
（４）海底観測ネットワークシステム―地下世界のテレスコープ計画　67
（５）さらなる地球内部テレスコープに向けて　78

第3章　自然の複雑な営みをシミュレーションする
――連結階層シミュレーション　佐藤哲也　85
（1）地球内部研究の位置づけ　86
（2）コンピュータ発達の略史　92
（3）非線形物理学の誕生　95
（4）未来予測・未来設計のシミュレーション　97
（5）地球内部シミュレーションの諸問題　102
内核　外核　マントル　プレート　地震波・火山活動
（6）アルゴリズム開発への挑戦　105
（7）地球内部シミュレーションの実例　110
（8）二一世紀のシミュレーション――連結階層シミュレーション　114
まとめ　121

第4章　地球科学の新しい展開と予測科学
――地球システムの理解のために　鳥海光弘　125
（1）フォワードモデリングと地球観測の高度化　126

(2) 地球現象の多重な階層構造 129
(3) 地球観測とフィードフォワード逆解析 133
(4) 時系列とフィードフォワード逆解析 139
(5) フィードフォワード逆解析と予測観測科学 141
(6) 今後の地球科学と予測観測 146

索引 2

第1章

地球の記憶を掘り起こせ

深海掘削計画

巽　好幸

地球深部探査船「ちきゅう」（JAMSTEC 提供）

二〇〇三年は、日本の科学史において特別な意味を持つ年となるに違いない。この年に、統合国際深海掘削計画（ＩＯＤＰ、Integrated Ocean Drilling Program）が開始されたのである。なぜ特別な意味を持つかというと、ＩＯＤＰは、日本がはじめて主導する大型国際共同研究計画であるからだ。某大国の経費削減のために、国際協力の名の下に巨額の国費を拠出し、それでいて成果のほとんどは大国に持って行かれる。そんな惨めな共同研究ではない。日本が真の意味で「科学技術立国」として、世界をリードすることができるか？　その挑戦が二〇〇三年に始まった。

ＩＯＤＰとは何か？　簡単に言ってしまうと、海底を掘削して堆積物や岩石などを採取・解析し、過去の地球の変動史を明らかにして、これから地球はどうなって行くのかを考えるプロジェクトである。一九世紀、「斉一説」を唱えたイギリスの地質学者ハットンは、「現在は、過去を知る鍵である」と説いたが、ＩＯＤＰは「過去を知ることで、現在および未来を知ろう」というのである。なぜ海底なの？　なぜ掘削するの？　地球の変動史とは何？　読者の皆さんには、きっと疑問だらけのことだろう。これらの疑問に答えながら、私は皆さんを、「ＩＯＤＰ親衛隊」に仕立て上げようとしている。日本が世界をリードして、ＩＯＤＰを主導し続けるためには、多くの方々の応援と、将来を担う若い力が必要不可欠なのだ。

(1) なぜ海底を掘るのか?

掘削(ボーリングまたはドリリング)を行うことで、地球の内部について何らかの情報が得られることは、理解していただけるだろう。しかし、いろいろな意味で容易な陸上掘削ではなく、なぜ海底を掘らなくてはいけないのか? 直感的にわかりやすい答えの一つは、海が地球表面の約七〇%を占めていることであろう。しかし、それだけではない。地球の進化を理解するためには、海底掘削が必要不可欠なのである。

深海堆積物

君たちは、「地層」というものを一度くらいは見たことがあるだろうか? 地層とは、地表付近の物質が風や地表水で運ばれて、海や湖あるいは河川に堆積した、層状の地質構造である。水中に堆積したために、もともとはほぼ水平な層をなしていたはずなのだが、私たちが目にする地層は、湾曲していたり(褶曲)、切れ切れになっていたり(断層)、ときには異なる傾斜の地層同士が重なり合っていたり(不整合)する。すなわち、今陸上にある地層は、隆起の過程や、その後のさまざまな変動によって、乱されてしまっているのである。地層から化石や組成などのさまざまな指標を抽出して、その地層が堆積した年代や、その時代の環境を推定するのが地質学であるが、乱れた地層を調べて過去のできごとを正確に知ることは決して簡単なことではない。

一方、量的には少ないが、深海底にも一万年当たり数㎜程度の堆積物は溜まっている。陸上の岩石に由来する物もあれば、有孔虫や放散虫など、海洋に多数生息する微生物の死骸もある。これらは「深海堆積物」と総称される。深海堆積物の最大の特徴の一つは、深海底では地殻変動がほとんどなく、堆積物が乱されずに保存されるために、それが地球環境変動の連続記録となることであろう。

もちろん、プレートテクトニクスが作動しているために、海底（海洋プレート）はどんどんマントルの中へ沈み込んで行ってしまう。その結果、現存する最古の海底は、約二億年前に海嶺で作られたものである。地球の年齢（四六億歳）を考えると、ほんの最近に誕生した海底しか表層に残っていないわけだが、それでもなお、過去二億年の地球環境変動のさまざまな記録を深海堆積物は記憶しているのだ。

深海堆積物をターゲットとした研究テーマを一つ紹介することにしよう。一九六〇年代終わりから、グリーンランドの氷床を解析していたデンマークとスイスの地球化学者、ダンスガードとオシュガーは、気温の指標となる酸素同位体比の時間変化に基づいて、八万年前に始まり一万年前に終わったとされる最新の氷期（ヴュルム氷期）は、決して一様な寒冷期であったのではなく、全地球的規模で数百〜数千年周期の急激な気候変動を繰り返していたことを見出した。ダンスガード・オシュガーサイクルと呼ばれるこの気候変動は、ヒマラヤ山脈の隆起と密接に関連して発生するアジアモンスーンの変動、偏西風蛇行経路の振動と連動しているらしい。つまり、ヒマラヤ－チベットの隆起が全地球的な急激な気候変動を引き起こしていた可能性がある。この仮説は、アジア大陸縁辺部の深海底堆積物の連続記録の粒子組成や粒径などを解析し、ヒマラヤ－チベットのどの部分が、いつ頃、どのくらい隆起したかを明らかにすることで検証できるだろう。

海溝型巨大地震

海嶺で生まれたプレート（リソスフェア*）は徐々に冷却し、やがてマントル**（アセノスフェア*）より重くなって、海溝から地球内部に向かって落下していく。このような場所を「沈み込み帯（サブダクションゾーン）」と呼ぶ。日本列島は沈み込み帯の代表選手である。沈み込み帯は、少なくとも二つのプレートがせめぎあう場所であり、その結果いろいろな地学現象が引き起こされるために、「変動帯」とも呼ばれている。火山をはじめとする風光明媚な日本の自然は、変動帯であるからこそ作り出されたものである。

しかし、地震はいただけない。変動帯である日本列島の周辺は、まさに「地震の巣」である（図1-1）。とくに、マグニチュード七を超える巨大地震は、日本海溝や南海トラフなどの海溝と日本列島の間、つまり海域で起こることが多く、その場合は津波も発生する。これらの「海溝型巨大地震」は、沈み込むプレートが陸側のプレートを引きずり込むために起こると言われているが、その発生メ

＊プレート運動において、剛体として振る舞う部分をリソスフェアー、流体として振る舞う部分をアセノスフェアーと呼ぶ。
＊＊マントル（外套）と同じ語源。核の周りを取り囲むもの、の意。

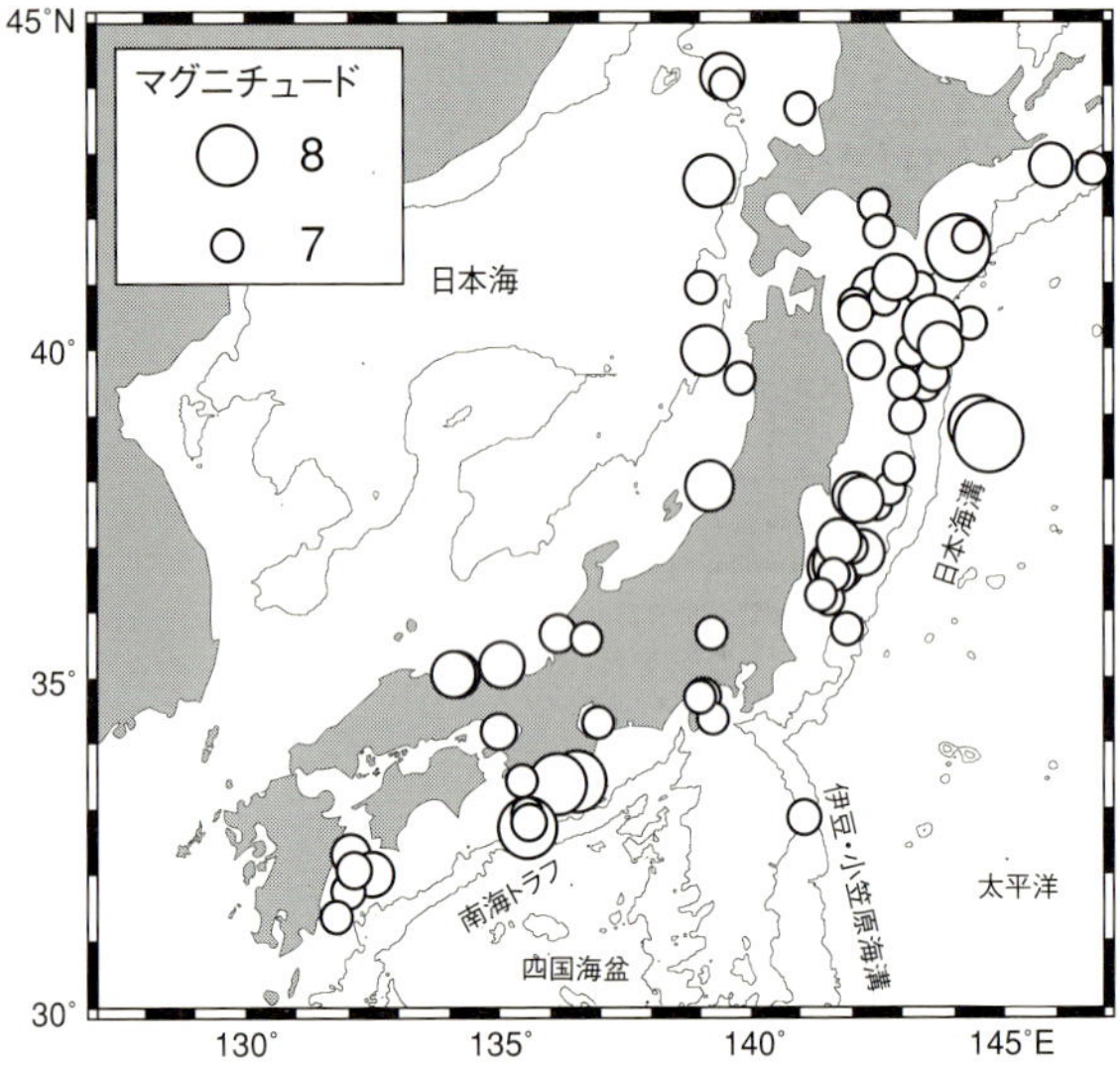

図 1-1　1885 年から 1995 年に発生した日本列島周辺におけるマグニチュード 7 以上の地震の震源分布

日本海溝，南海トラフなどのプレートが沈み込む場所と，日本列島の間の海域で巨大地震が発生する．

カニズムはまだ謎に包まれている。私たち日本人の悲願とも言える「地震予知」を確立するためには、海溝型巨大地震発生帯に直接メスを入れて調べ、断層や流体の動きを刻一刻とモニタリングすることが必要である。そのためには、海洋域での超深度掘削を行わねばならない。この問題に関しては、詳しくは第2章をお読みいただきたい。

海洋地殻と大陸地殻

地球が、「地殻」「マントル」「核」という同心円状の層構造をしていることはご存知であろう。前二者は岩石、核は金属で構成される。これらの中でマントル*は固体地球の約八割の体積を占める。つまり、マントルを知ることなくして、地球を語ることはできないのである。マントルは「カンラン岩」**と呼ばれる岩石が大部分を占めると信じられている。しかし人類は、未だマントルの岩石を直接採取したことはない。月の石を手に入れたことで大きな科学的進展があったように、マントル物質の採取は、私たちの地球に対する理解を飛躍的に高めるに違いない。この点に関しては、後に詳しく解説することにしよう。

しかし、マントルへ到達するには、陸上（大陸）での掘削は絶望的に困難なのである。というのは、大陸地殻は平均して三〇km以上の厚さがあり、この地殻を掘り抜くことは、現実的ではない。一方、海洋地殻の厚さは平均六kmであり、最新の技術を持ってすれば、地殻貫通の可能性は高い。マントルへの近道は、海に存在しているのである。

海底に眠る資源

文明を謳歌する人類にとって、エネルギー資源の確保は逼迫する課題である。とくに資源に乏しいわが国にとっては、その重要性はきわめて高い。「メタンハイドレート」という言葉をご存知だろうか？　メタンは燃焼時に二酸化炭素や窒素酸化物などの排出が少ないクリーンエネルギーであると言われているが、メタンハイドレートはそのメタンの水和物である。この氷状の物質は、大気中では二〇〇倍近い体積のメタンガスと水に分解してしまう。ところが、水温が四℃以下になる五〇〇m以深

**カンラン（橄欖）はオリーブに似た緑色の実をつける植物のこと。緑色をしたカンラン石が主体の岩石を、カンラン岩と呼ぶ。

の海底では、水和物として安定に存在する可能性がある。ただし海底下では、地温勾配に沿って温度が上昇するために、海底から数百mを超える地中では、メタンハイドレートは存在しない。

メタンハイドレートは、どのようにして作られるのだろうか？　プレートが沈み込む際には、プレートの上に乗っていた深海堆積物の一部は、陸側斜面に押し付けられて掃き溜められる。この部分は「付加体」と呼ばれるが、その中に含まれている有機物が、熱や微生物によって分解されて発生したメタンが上昇して、メタンハイドレートとなる。すなわち、このエネルギー資源は、沈み込み帯を特徴づける産物の一つなのである。図1―2を見ていただきたい。日本列島の周りには少なくとも七兆㎦のガスに相当するメタンハイドレートが存在し、これはわが国が消費する天然ガス約一〇〇年分に相当する、と言われている。

しかし、夢のエネルギー資源ともいえるメタンハイドレートは、実は諸刃の剣の顔を持つ。海底地震などで巨大な地すべりが起こると、シャーベット状のメタンハイドレートは気化し、大量のメタンが海中、さらには大気へ放出されてしまう。とてつもない量の温室効果ガス（二酸化炭素の二〇倍の温室効果があるとも言われる）の発生は、地球温暖化を加速するに違いない。つまり、本格的な資源開発に先立って、深海底に分布するメタンハイドレートの成因・産状・安定性などを詳細に調べ上げる必要がある。そのためには、深海掘削が必須である。

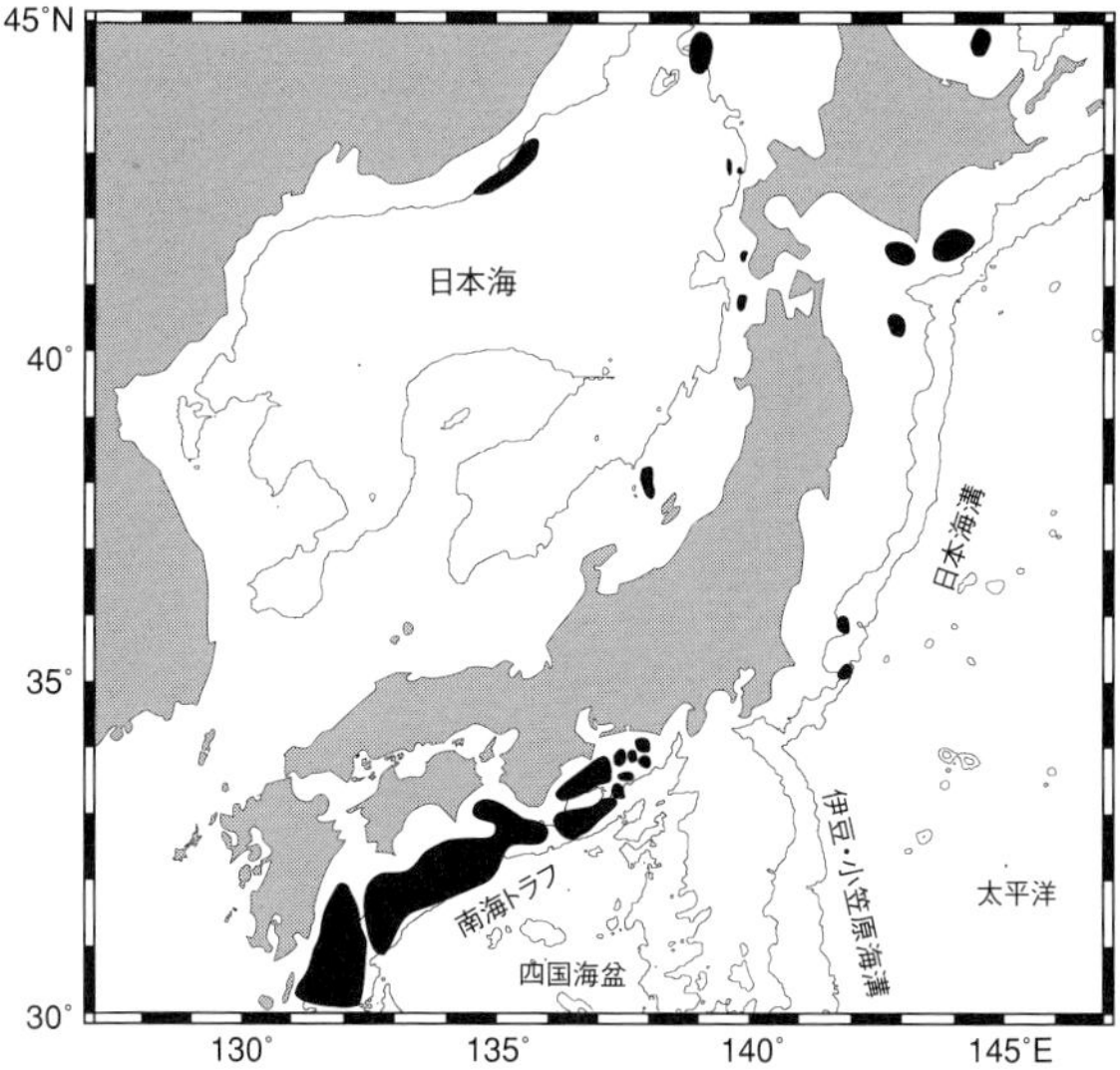

図 1-2　日本列島周辺のメタンハイドレートの分布（黒塗りの部分）
南海トラフ近傍の付加体に多量の資源が眠っている.

地殻内微生物

地下空間は暗黒の世界であり、無酸素・低栄養・高温・高圧という極限的な環境下にあるために、生物活動はきわめて不活発であると思われていた。しかし、これまでの深海掘削などの成果によって、ある試算によれば、地表に生息する生物総量に匹敵する生物が地下で活動している可能性があることがわかってきた。このような極限環境下で活動する生物は、私たち地表生物とは異なった生理・生態を持ち、たとえばこれらの生物からの未知酵素の発見やその応用等が期待される。

地球最初の生命が海洋で誕生したことはよく知られている。海底下の暗黒かつ無酸素という極限環境が、初期地球の表層環境と類似することから、地殻内生物の中には、

「生きている化石」よろしく、地球初期生命の情報を記憶しているものがいるに違いない。深海掘削による地殻内生命の探査は、まさに地球生命科学のフロンティア研究といえるだろう。

（2）深海掘削の歴史とＩＯＤＰ

モホール計画

一九四九年に米国ルイジアナ沖で本格的な海底油田掘削が始まり、海底への関心は飛躍的に高まった。このような背景のもと、一九五七年に、米国学士院会員・全米科学財団（ＮＳＦ、National Science Foundation）地球科学委員会委員であったマリック博士は、有志科学者と連携して、「モホール（Mohole）計画」を発表した。地殻とマントルの境界であるモホ（Moho）面に孔（hole）をあける、という全地殻貫通計画である。早くも翌年にＮＳＦはモホール計画の予算を計上し、試験掘削、中深度掘削、モホ面貫通の三期からなる深海科学掘削計画がスタートした。

最初の掘削は、海軍軍艦を改造し掘削装置を装着した「カス一号」（図1-3）を用いて、一九六一年三月から四月にかけて、メキシコ沖の太平洋（水深三五〇〇ｍ）で実施された。この掘削では、一八三ｍの深海堆積物を貫いて、さらに海洋地殻を一三・五ｍ掘り進んだ。そして、海洋地殻は玄武岩と呼ばれる火山岩からなることが、はじめて確認された。

海洋地殻の採取という画期的な成功を収めたモホール計画であったが、一九六一年からケネディ大

図 1-3　カス 1 号
（Wikipedia; Project Mohole より．Courtesy of NSF）

統領によって米国の威信をかけたアポロ計画が開始され、この重要かつ魅惑的な計画との資金獲得競争には勝てず、モホール計画は第二期へ入ることなく、終焉を迎えた。一九六六年のことである。

モホ面を貫通する科学的意義は何か？　科学技術における波及効果は？　納税者を十分に感動させることができるか？　今IODPを推進する私たちが、一時とも忘れることのできない重要な問いが、約四〇年前にも発せられていたのである。

国際深海掘削プロジェクトの発展

モホール計画は中断を余儀なくされたが、米国は、深海底掘削の重要性を十分に認識していた。そして、一九六八年からは、マントルへの到達という特定の科学目標ではなく、さらに広範囲な海洋地球科学の推進を目指して、科学掘削船「グローマーチャレンジャー」（図1–4）を投入したDSDP（Deep Sea Drilling Project）

図 1-4　グローマーチャレンジャー
(http://iodp.tamu.edu/publicinfo/glomar_challenger.html)

図 1-5　ジョイデスレゾリューション
(http://iodp.tamu.edu/publicinfo/joides.jpg)

が開始された。このプロジェクトは米国独自のものであったが、世界各国の研究者も掘削研究に招聘された。その後一九七五年からＤＳＤＰは、フランス・ドイツ・イギリス・ソ連そして日本が分担国として参加した国際共同研究、ＩＰＯＤ（International Phase of Ocean Drilling）へと発展した。

ＤＳＤＰ－ＩＰＯ

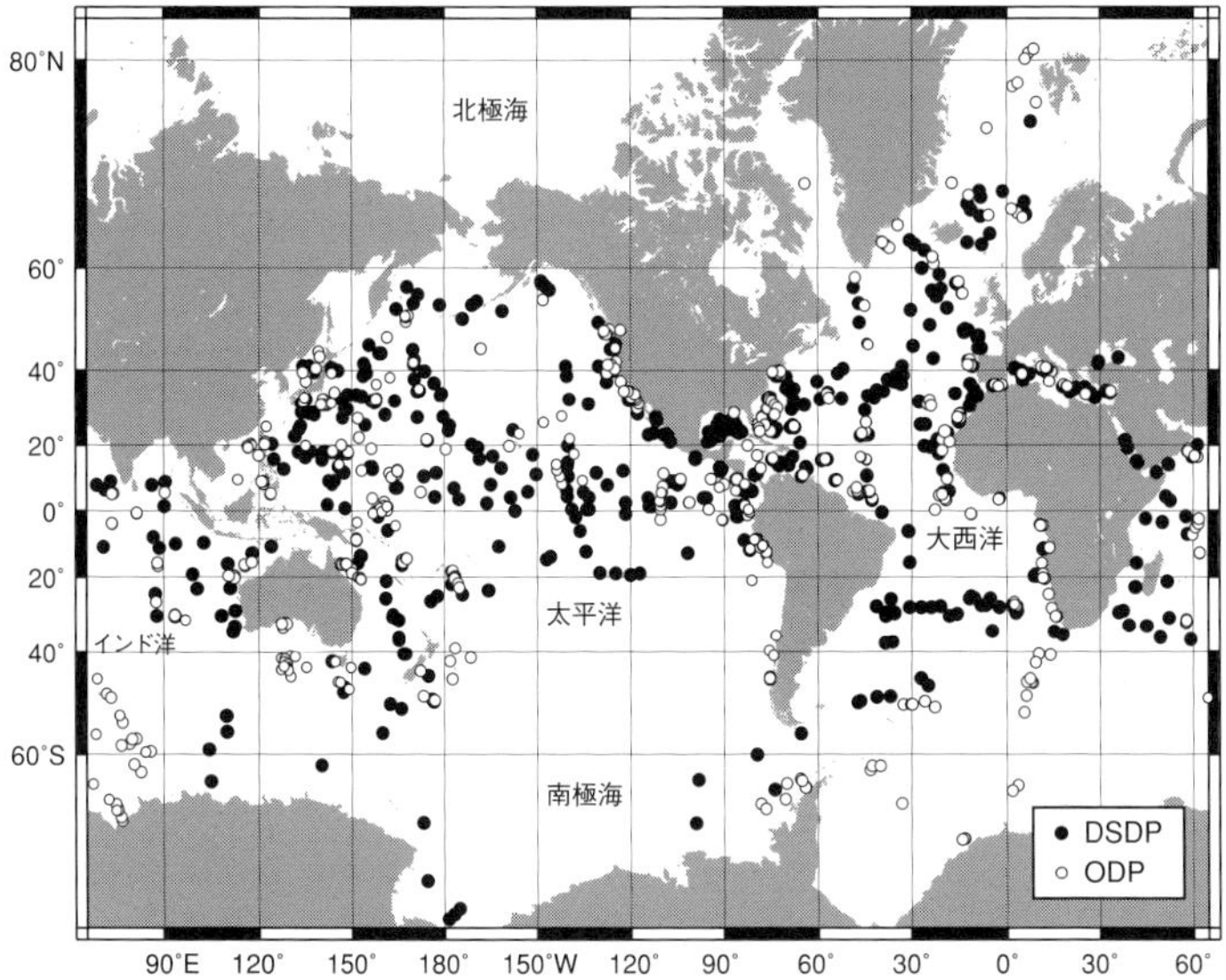

図 1-6　DSDP 開始から ODP 終了までの掘削地点
合計 1000 本以上の掘削孔が深海底に開けられた.

Dは、海洋地殻の年齢が海嶺から遠ざかるにつれて古くなることなどを明らかにし、プレートテクトニクスの実証という「ホームラン」をかっ飛ばした。そしてこの計画は、米国主導のもと、一九八五年からはODP（Ocean Drilling Program）へと移行し、新たな掘削船「ジョイデスレゾリューション」（JR、JOIDES Resolution）が投入された（図1-5）。ODPは、二二カ国が参加する国際共同研究計画として二〇〇三年まで継続した。その間、DSDPから通算して二〇七回の掘削航海が実施され、一二七七地点で深海掘削が行われた（図1-6）。

ODPは、数多くの輝かしい成果をもたらし、地球科学の発展に大きな役割を果たした。その一つに、一九九七年にフロリダ沖で行われた掘削で、六五〇〇万年前の白亜紀・第三紀境界（K／T境界）の堆積物を掘り貫いたものがある。この地質境界は恐竜が絶滅した時期に当たる。恐竜絶滅の原因としては、巨大隕石の衝突または大規模な火山活動による寒冷化説、伝染病説をはじめ諸説唱えられてきたが、決定的な証拠は見つかっていなかった。ところが、ODPの掘削によって、この境界に、地表付近の岩石が高温に曝されることで急激に融解しガラス化したことを示す「テクタイト」と呼ばれる物質や、地表付近にはきわめて低濃度でしか存在しないイリジウムの異常濃集が発見された。これこそ、メキシコ・ユカタン半島に巨大隕石が落下した直接的な証拠であった。地球史の中でも第一級の大量絶滅事件である恐竜の絶滅が、隕石衝突による環境変動によって引き起こされたことを、深海掘削が証明したのである。

掘削航海は日本近海でも行われた。日本海では合計九地点で掘削が行われ、日本海が海洋底拡大によって今から約二〇〇〇万〜一五〇〇万年前に誕生したこと、この変動によって、日本列島はアジア大陸から分離したこと、などが明らかになった。

これらの輝かしい成果が得られた理由の一つは、研究者が自らの科学的興味で掘削提案を行い、それらを科学者たちの手でより良い掘削計画に育て上げ、それらを可能なかぎり忠実に実施する、というボトムアップ方式で研究が遂行されたことであろう。そこでは、目先の成果や利益を求めることを目標とするトップダウン型の研究とは異なり、生き生きとした姿があった。

島国であるにもかかわらず、海洋地質・地球物理分野の研究者が多くはなかったわが国でも、DSDP－IPOD－ODPへの参加（ODPでは一航海あたり平均二名）を通して、「世界と競い合うこと、協力すること」を体で覚えた研究者たちが、活躍の場を広げていった。やがて、これらの第一世代の日本人深海掘削研究者たちは、わが国が世界をリードして国際共同研究を実施する、という、当時としては突拍子もない妄想を抱くようになっていった。

ODPからIODPへ

JR号は確かに地球生命科学に飛躍的進展をもたらした。しかし、JR号で二〇〇〇mを超える掘削を行うと、孔内圧力の増加によって、孔壁が崩れたり、掘削屑を海水の循環によって排出することが不可能となり、さらに深部への掘削はできなくなってしまう。

研究者とは欲深いものだ。もっと深いところへ到達したい。そうすればマントルにも手が届くし、海溝型巨大地震の巣にもメスを入れることができる。そんな欲求不満がコミュニティーに広がっていた。しかし米国研究者には、モホール計画の中止、という苦い経験が重くのしかかっていたようだ。

一方、世界をリードする野望を持った日本人研究者はと言えば、超深度掘削を可能にするライザー方式（後述、18頁参照）を用いた掘削船の建造に向けて、一九九〇年代始めから動き出していた。一九九六年と翌年には、超深度掘削技術およびそれを駆使した科学目標を検討する国際会議が、相次いで日本で開催され、国際的にもわが国がライザー掘削船を提供して、深海掘削研究を国際的に実施することが認知されるにいたった。九〇年代後半には、ODPは二〇〇三年に発展的に終了することが決定し、冒頭で述べた、「統合国際深海掘削計画（IODP）」開始への準備が始まったのである。科

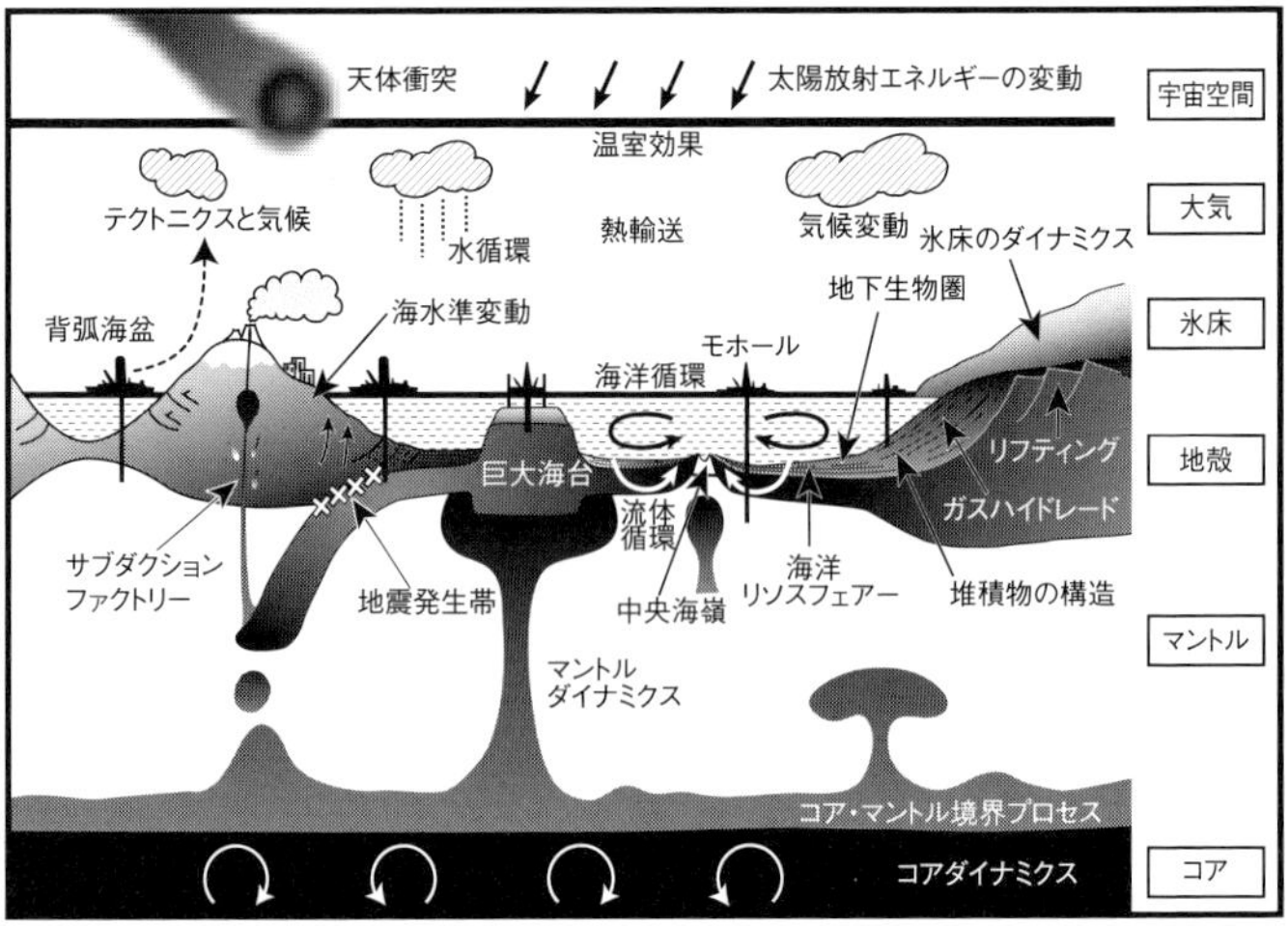

図 1-7　IODP 科学目標の概念図

IODP は深海掘削で得られた試料を解析して，地球システムの進化を包括的に理解することを目指している．

学計画、国際共同研究計画運営の方法、などの検討の場では、日米同数の研究者が机を囲んだ。ＯＤＰ時代の会議はと言えば、多くの場合日本人は独りぼっちで会議に臨んでいたのと比べると、隔世の感があった。

ＩＯＤＰの科学目標は、初期科学計画として二〇〇一年に公表された。もちろんこの科学目標の策定においても、日本人科学者の主張は強かった。ＩＯＤＰ初期科学計画の全体を通したコンセプトは、地球という一つのシステムの進化は、磁気圏・表層流体圏（大気海洋）・生物圏・地殻・マントル・核といったサブシステム間の相互作用によって支配されている、というものである（図1―7）。ＩＯＤＰは、海洋底に記録された地球システムの変動史を、高解像度で読み解き、地球システム進化の原動力は何か？サブシステム間の応答はどのように行われるのか？将来の地球システムはどのように進化すると予想されるのか？などの謎に挑もうとする。具体的には以下の研究テーマが含まれている。

●地下生物圏と海底下に広がる「海」
・地下生物圏の実態解明
・メタンハイドレートの分布と性質の解明
●地球環境変動とその生物圏への影響
・地球環境変動の内的要因の解明
・地球環境変動の外的要因の解明
・地球システム内の相互作用の解明
●固体地球における物質循環とダイナミクス
・巨大海台、海洋地殻、大陸縁の形成と進化の解明
・地球内部物質循環と大陸地殻・マントル進化の解明
・地震発生帯の包括的理解

ＩＯＤＰの主導を目指して

ＩＯＤＰでは、地震発生帯掘削・マントル到達という科学目標を達成するために、ライザー掘削装置を装着し、海底下七〇〇〇ｍまでの掘削能力を持つ掘削船「ちきゅう」が主力掘削船として活躍す

図 1-8　地球深部探査船「ちきゅう」（JAMSTEC 提供）

る。この地球深部探査船は、二〇〇一年四月から日本で建造が始まり、二〇〇五年七月に完成した（図1-8）。総工費六五〇億円。これはわが国の基礎科学史上、最大級の投資である。

「ちきゅう」の最大の特徴は、孔壁を補強した上で、孔内に密度制御を施した泥水を循環させ、掘削屑を船上へ回収する、という掘削方法を採用している点である。この方式は「ライザー掘削」と呼ばれる。泥水循環を行うため、海底までのパイプの直径は五〇㎝にも達する。ライザーパイプを破損することなく、海底下七〇〇〇mの掘削を成し遂げるためには、海流・風などの影響を相殺して、三〇m以内の精度で船の位置を制御しなければならない。そのために「ちきゅう」の船底には、回転可能なプロペラが六機装着され、GPSなどで得られた位置情報をもとにして自動位置制御を行うことができる。さらに、「ちきゅう」にはさまざまな最先端計測・分析装置が搭載され、採取した試料（コア）をただちに分析することができる。このような能力を有する「ちきゅう」は、まさにIODPの花形掘削船であり、米国が提供する非ライザー掘削船、欧州連合提供の浅海域または氷海域に特化した特定任務掘削船と併せて、IODPの科学目標を達成するために必要不可欠なコンポーネントである。

主力掘削船の提供だけではない。IODPは国際共同研究計画であるのだから、科学的成果において世界をリードすることこそ、わが国の研究者に課せられた使命である。ODP時代までは「お客さま」として参加していた私たちは、IODPでは主役を演じなければならないのだ。そのためには、明確な科学目標の下に、戦略的に掘削提案を提出し、総合的な研究を遂行しなければならない。このような活動をオールジャパン体制で行うことを目的として、掘削科学関連研究機関の連合体が二〇〇三年に設立された。日本地球掘削科学コンソーシアム、通称「J-DESC」である。J-DESCでは、掘削提案の育成、次世代研究者育成のためのプログラムなどの活動を行っている。

では具体的に、日本はどのような研究テーマに関して世界をリードし、地球システムの包括的理解というIODPの最終目標に近づこうとしているのか?「ちきゅう」はIODPでの初仕事として、二〇〇七年九月にいよいよ、南海トラフ地震発生帯掘削を開始した（NanTroSEIZE計画）。これは、海溝型巨大地震の発生メカニズムの解明に迫ろうとする計画であり、日本人研究者が研究チームの中核をなす。このテーマに関しては後章に譲り、以下に、その他の「わが国が主導する」IODP研究テーマのいくつかを紹介することにしよう。

(3) 大陸誕生の謎に迫る—プロジェクトＩＢＭ

大陸、正確には大陸地殻は、固体地球全体のわずか〇・四％の質量を占めるに過ぎない。しかし、だからと言って、地球進化における大陸地殻の役割が小さいわけでは決してない。なぜならば、大陸地殻は固体地球の中で専ら軽元素が濃集する部分であり、この特徴のために、マントルの上に「浮き続けてきた」のである。つまり、もともとある種の隕石と同様の組成を持っていたと考えられる全地球から、いかにして大陸地殻の特徴的な組成が生まれたか？　この「分化」過程を知ることなくして、地球の進化は語れないのである。

ところで大陸と海洋は、単に海水の有無で区分されるだけではなく、地殻の性質・組成も異なる。たとえば、岩石の主要成分である二酸化ケイ素（SiO_2）含有量を比較すると、大陸地殻では六〇％（安山岩に相当）、海洋地殻では五〇％（玄武岩に相当）と、大きな差が存在するのである。多くの読者は、大陸地殻の成因を海洋掘削で探る、という計画は、いかにも理不尽そうに感じるかもしれない。しかし、今私たちが抱いている仮説は、「大陸は海で生まれた」というものであり、その証拠を深海掘削で見つけ出そうとしているのである。この仮説にいたった理由を、以下に述べてみよう。

海洋島弧の地震学的構造

今から一五年ほど前、伊豆半島から南へ続く伊豆・小笠原・マリアナ弧（Izu-Bonin-Mariana、通

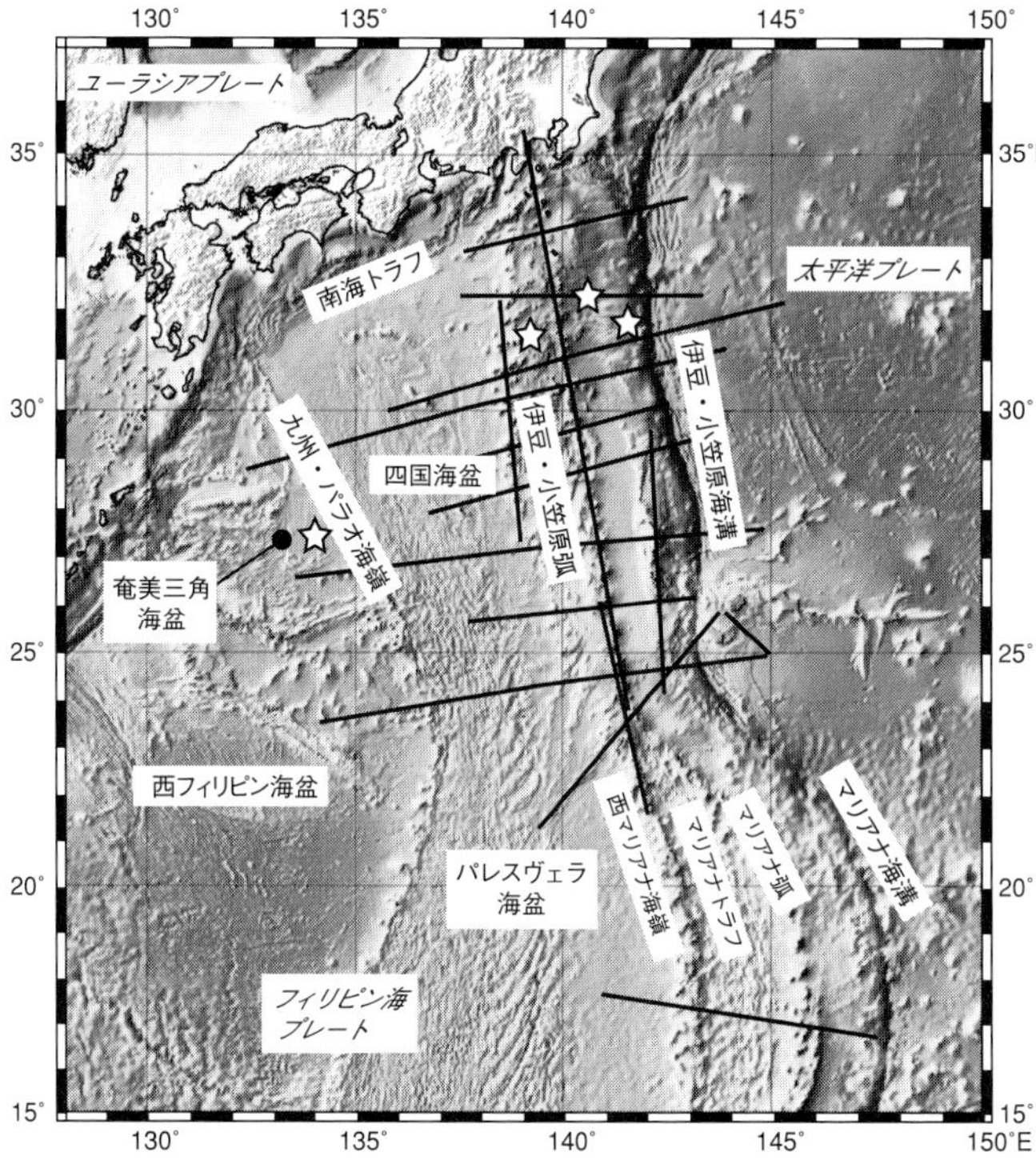

図 1-9　伊豆・小笠原・マリアナ弧（IBM）

日本列島の南方に位置する海洋島弧である．実線は構造探査測線，星印は掘削提案地点を示す．

称ＩＢＭ）（図１─９）の海域調査を行っていた東京大学海洋研究所のグループが、驚くべき発見をした。一般に地殻は三つの層からなる（上部・中部・下部）場合が多いが、ＩＢＭ島弧地殻には、大陸地殻の平均と同じ地震*波伝播速度を持つ中部地殻が存在したのである。それまでの常識では、ＩＢＭのような海洋島弧は、

＊医者が聴診器をあてたり打診で体の中を調べるように、地震学者は地震波の伝わり方に基づいて地球の内部構造を推定する。

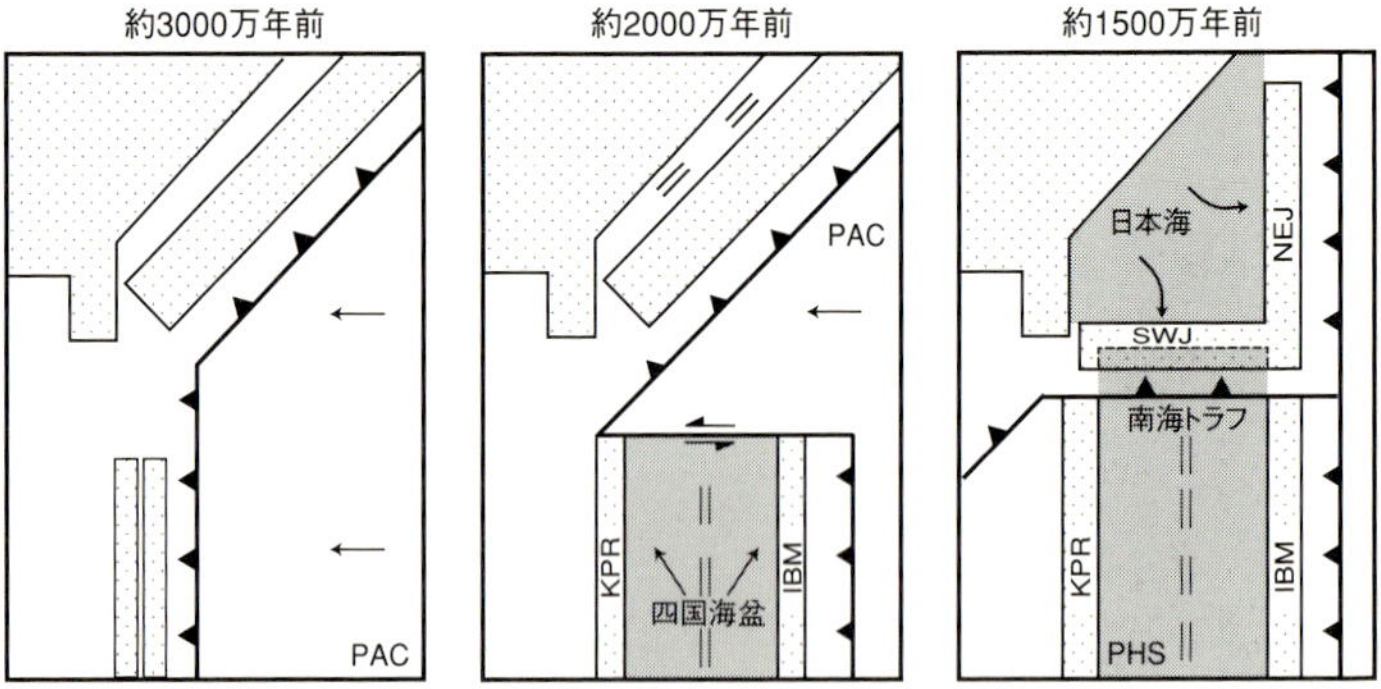

図 1-10　四国海盆と日本海の形成過程

両者とも背弧海盆の拡大によって誕生した．四国海盆の拡大によって，もともと 1 つの島弧であった九州・パラオ弧（KPR）と IBM は分離した．日本海の拡大によって，西南日本弧（SWJ）と東北日本弧（NEJ）は，それぞれ時計回り，反時計回りの回転運動を起こした．PAC：太平洋プレート，PHS：フィリピン海プレート．

もっと速い速度を示す地殻、つまりもっと二酸化ケイ素に乏しい、玄武岩質の地殻が存在すると考えていたのである。大陸地殻は海洋島弧のマグマ活動によって作り出され、島弧が集まることで大陸は成長するのかもしれない！　そしてＩＢＭは、大陸が形成されつつある現場なのかもしれない！　妄想はどんどん広がっていく。科学者がもっとも興奮するときである。

少し、ＩＢＭのことを説明しておこう。この海洋島弧は、太平洋プレートがフィリピン海プレートの下へ急角度で潜り込むことで形成されている（図1-9）。しかし、これまでの海域調査の結果等から、ＩＢＭはもともと、九州・パラオ海嶺と一つの島弧を形成していたものが、三〇〇〇万年前に分裂を始め、ＩＢＭは一五〇〇万年かけて現在の位置まで移動し、その背後（西側）に四国海盆が背弧海盆（後述、44頁参照）として誕生したことがわかっている

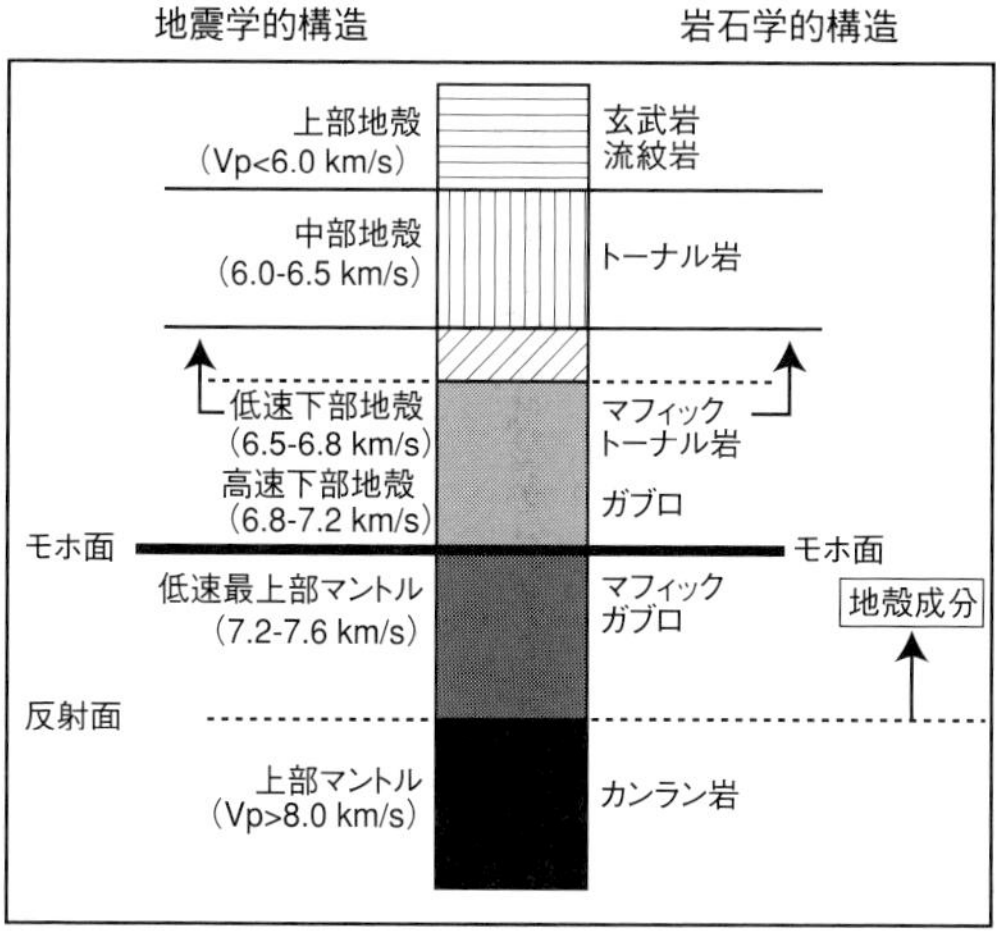

図 1-11　IBM の地震学的および岩石学的地殻・マントル構造
Vp は P 波伝播速度を示す.

(図1-10)。また、四国海盆にやや遅れて日本海も拡大し、その結果、日本列島はアジア大陸から分離したことが、ODP掘削の成果などから明らかにされている(図1-10)。

IBMの地殻構造に話を戻そう。IBMの地震学的構造探査は、その後海洋研究開発機構のグループに引き継がれ、国家プロジェクトである大陸棚調査の対象にもなり、現在でも盛んに調査が進められている(図1-9)。その結果、IBMは世界でもっとも地殻・マントル構造が精密に調べられた場所となった。これらの探査により、大陸地殻に相当する島弧中部地殻はIBMの全域に存在することが確認され、さらに、図1-11に示すようなP波[*]伝播速度分布や、反射面の存在などの地

*地震が起きると縦波と横波が同時に発生するが、前者のほうが伝播速度が速く最初に(Primary Wave、P波)、遅れて後者が(Secondary Wave、S波)到着する。

震学的構造の特徴が明らかになってきた。他の海洋島弧ではＩＢＭほどの調査は行われていないので、図１‐11の構造が、海洋島弧における普遍的な地殻・マントル構造かどうかはよくわからないが、これまでのデータを見る限り、これから調査が進むにつれ、このような構造があちこちで確認されると思われる。

ＩＢＭの進化と大陸地殻形成モデル

地殻・マントル物質を伝わるＰ波の速度は、岩石を構成する鉱物の体積弾性率・剛性率・密度、鉱物の量比、温度・圧力などによって変化する。言い換えると、図１‐11のようなＰ波速度構造が精密に得られたとしても、それぞれの層を構成する岩石を特定することは困難である。

そこで登場するのが「岩石学」と呼ばれる分野である。島弧の地殻は、もともとマントルが融けてできたマグマが固まってできたものであり、最初に誕生した地殻に、さらにマグマが付け加わったり、再び融けたりして、図１‐11に見られるような構造ができあがったと考えられる。岩石学の知識を使えば、マグマの固結や再融解を定量的に扱うことができ、しかもマグマや融解残渣の化学組成を推定することができるのである。ＩＢＭでは、構造探査と並行して、火山島や海底火山の岩石の採取と分析も精力的に行われ、世界トップクラスの岩石学的データも揃いつつあるので、このような総合的な研究が可能である。

図１‐11には、このようにして得られた「岩石学的構造モデル」も示してある。つまり、ＩＢＭの

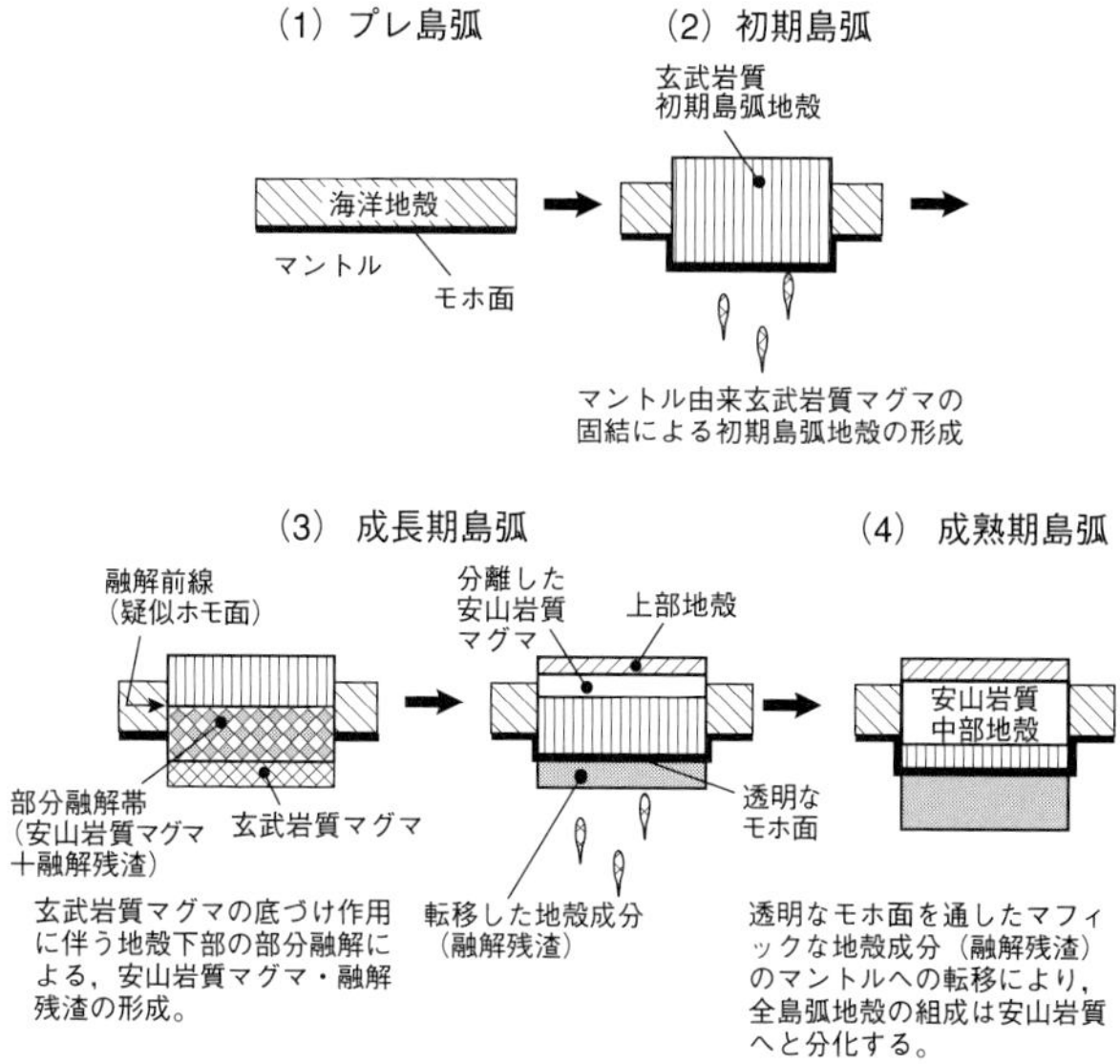

図 1-12　IBM 島弧地殻の進化のシナリオ

地殻やマントルがどのような岩石でできているのか、という問いに対する、一つの仮説である。このモデルは、ＩＢＭ島弧地殻の進化は、次のような過程で起こったと主張する（図1−12参照）。

・プレ島弧…ＩＢＭは、約五〇〇〇万年前に海洋域に誕生した島弧であり、地殻は海洋地殻を置き換えるようにして形成されたと考えられる。

・初期島弧地殻の形成…マントルの融解で生成された玄武岩質マグマが固結して、玄武岩質の深成岩（ガブロまたはハンレイ岩）で構成される初期島弧地殻が誕生する。現在のＩＢＭでは、この初期地殻は、地震波速度が高速の下部地殻として残っているらしい。

・初期島弧地殻の融解…高温の玄武岩質マ

グマが地殻に底づけされることで、初期島弧地殻の下部が部分的に融解し、玄武岩よりも二酸化ケイ素に富みマグネシウムや鉄に乏しい（マフィック成分に乏しい）安山岩質マグマと、融解残渣が形成される。融解残渣は、マフィックなガブロと呼ばれる岩石よりなる。

・安山岩質中部地殻の融解…安山岩質マグマは、玄武岩質マグマに比べて密度が低いために上方へ移動・固結し、トーナル岩（安山岩質の深成岩）からなる中部地殻を形成する。最近の研究によって、ＩＢＭでは、安山岩質マグマが抜け去った融解残渣と、残存する（融解していない）玄武岩質の初期島弧地殻の境界が、「モホ面」（地殻とマントルの境界）に相当することがわかってきた。融解残渣に対して推定される地震波伝播速度が、ＩＢＭ直下の最上部マントルのそれに一致するからである。

・島弧地殻の進化…ここで重要な点は、初期島弧地殻に比べて二酸化ケイ素に乏しくマグネシウムや鉄に富むマフィックな融解残渣が、モホ面を超えて地殻からマントルへと移動することである。すなわち、モホ面は物質の移動が可能な、いわば「透明な」性質を持っている。玄武岩質マントルの底づけ作用、地殻の再融解と安山岩質中部地殻の形成、というプロセスが繰り返されることにより、融解残渣がどんどんとマントルへ運び去られ、その結果として、もともと玄武岩質の組成であった島弧地殻は、だんだんと安山岩質へと進化していく。

IODPによる検証を目指して

ここで述べた島弧進化モデルは、現在のIBM（そして、おそらく一般的な海洋島弧）の地震学的地殻・マントル構造と、海洋島弧における大陸地殻の形成、を包括的に説明できる、魅力的な仮説である。しかし先にも触れたように、地震学的構造と岩石学的構造は一対一には対応しないために、「まあ、一つの可能性だわな！」と言われてしまえばそれまでである。では、どのようにすれば、このモデルを検証することができるのだろうか？　話は単純である。IBMで掘削を行い、図1-11の二つの構造の対比を確認すればよい。都合良いことに、IODPの初期科学計画には、「大陸地殻・マントル進化の解明」と高らかに謳われているではないか！（実を言うと、IBMの掘削を実施するために、初期科学計画にこの項目を盛り込んだのであるが…。）

このような動機づけに基づいて、日本の研究者が中心となって、米国・欧州・オーストラリアの研究者と共同で、「プロジェクトIBM」と銘打った掘削提案がなされた。プロジェクトIBMでは、①海洋地殻から島弧地殻への変化、②その誕生から約四〇〇〇万年間のIBM地殻組成の時間変化、③地震学的地殻構造の実体解明、を目標として、四つの掘削（一つは「ちきゅう」を用いた七〇〇〇m超深度掘削）を提案している（図1-9）。

（4）温室期地球の謎に迫る―プロジェクトLIP‐OAE

温室期地球と地球システム変動

地球の地上平均気温は、二〇世紀の間に約〇・六度上昇し、ある予想によれば今世紀中にはさらに数度上昇する可能性もあるという。地球温暖化対策は、地球にとって待ったなしの状況であると言えよう。

ところで私たちの地球は、その誕生以来、猛烈な温暖化を何度か経験してきたことをご存知だろうか？　その一例を図1‐13に示そう。時代は、恐竜が闊歩していた「白亜紀」で、今から約一億年前のことである。当時の気温は現在より二〇度程度も高かったと推定されており、「温室期地球」と呼ばれている。

ここで重要なことは、地球は自力でこの温暖化を克服したことである。誤解なきように述べておくが、私は決して現在問題となっている温暖化に対する対策を怠っても、地球がなんとかしてくれるだろう、という無責任な楽観論を唱えたいわけではない。温暖化対策を進める際にも、地球が本来持っているフィードバック機能を理解し、それを念頭に置いてより効果的な対策をとるべきだと考えている。また当然ながら、何がきっかけで、どのようにして白亜紀温室期地球が誕生したかも、私たちには必要不可欠な情報であろう。

白亜紀の地球は、温室期であっただけではなく、その他にもさまざまな地球規模の大異変が起こっ

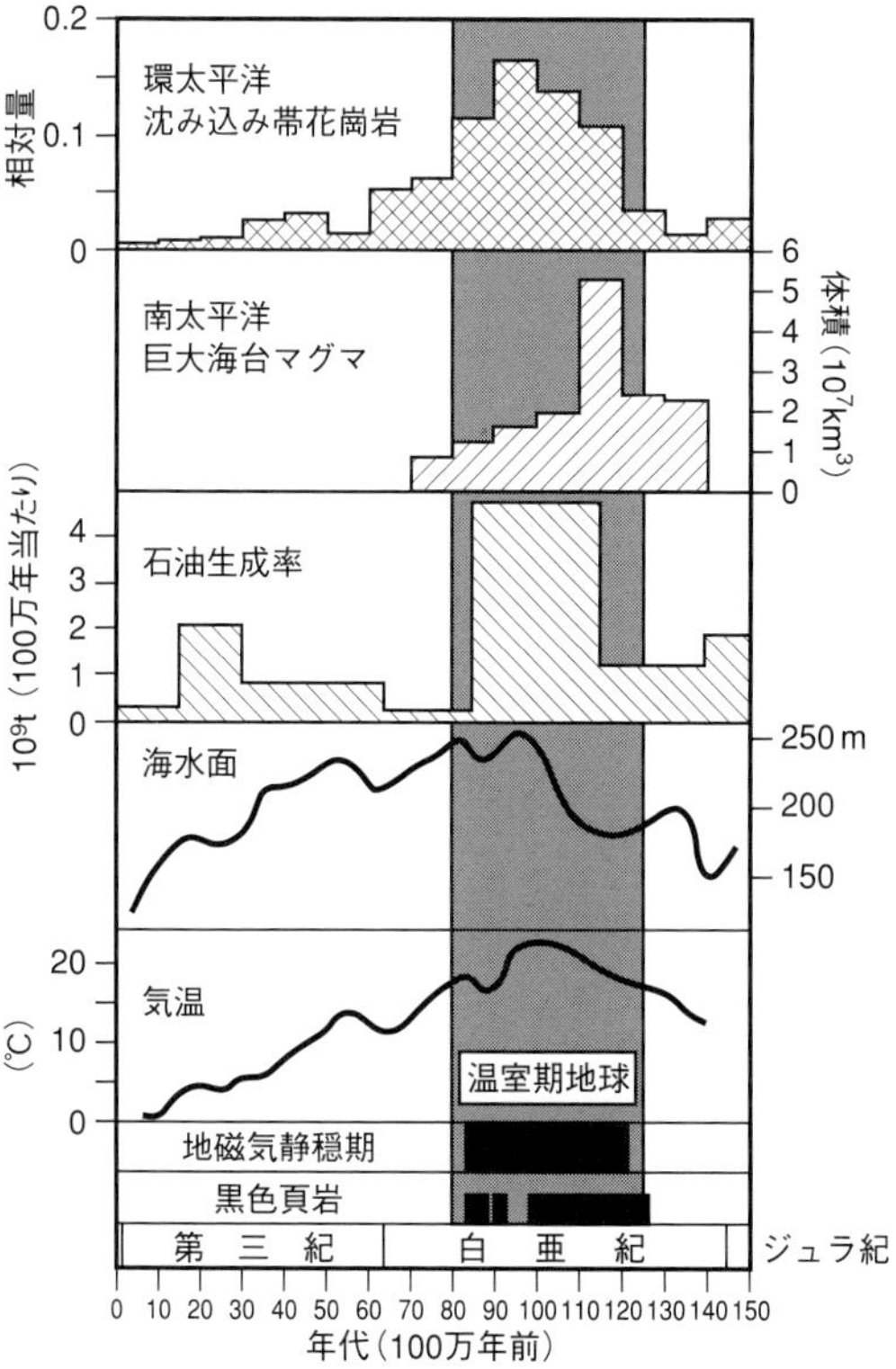

図 1-13　白亜紀の地球システム大変動

この時期は温室期の地球であるが，さまざまな地球システム内の変動がほぼ同時に起こっている．

ていた（図1－13）。まず地表付近を見ると、大量の石油がこの時期に生成されている。最近では、無機成因論も復活の兆しはあるようだが、海洋生物等の死骸が埋没時の高温高圧条件下で化学変化することによって石油が生成されるとする有機成因論に従えば、海水温の上昇や、次に述べる海洋無酸素事変と密接に関連して藍藻が大量発生し、それを餌とする生物、したがってその死骸量が爆発的に増加し、石油生成率が増大したのであろう。

白亜紀の「白亜」とは石灰（チョーク）を意味し、主として微生物由来の炭酸カルシウムからなる。この白色の堆積物は、ドーバー海峡を挟む断崖をはじめ、世界各地の白亜紀地層中に認められる。一方で、これらの白い堆積物中に、「黒色頁岩」と呼ばれる、有機物に非常に富んだ、ヘドロのような黒い地層が数枚挟まれていることが、世界各地で認められている。すなわち、温暖で浅海が広がっていた当時の海中で、溶存酸素が枯渇したために有機物の分解速度が遅くなり、そのままヘドロのように堆積したらしい。この異変は「海洋無酸素事変」（ＯＡＥ、Oceanic Anoxic Event）と呼ばれている。

次にマントルの活動を眺めてみよう。白亜紀は、マントルの活動度が、異常に高い時期であった。そう考える理由は、この時期は、地球史の中でももっともマグマ活動が盛んなときであり、そのようなマグマはマントル内の上昇流と下降流によって引き起こされた可能性が高い、ことにある。図1-13を見ていただこう。現在の地球上のマグマ活動は、プレートが誕生する海嶺においてもっとも活発であり、沈み込み帯も活動的な火山が多いが、過去には、プレートの内部で、とてつもない規模のマグマ活動が起こったことがある。これらは巨大火成岩石区（ＬＩＰ、Large Igneous Province）と呼ばれ、そのうちの多くは、現在の西太平洋の海底に巨大な台地（巨大海台）を形成している。その一つであるオントンジャワ海台の体積は$5 \times 10^7 km^3$、なんと富士山の数万倍という桁外れに巨大な、地球上で最大の火山の一つである。オントンジャワ海台の他にも、ほぼ同時期に太平洋の海底でＬＩＰの活動が起こっている（図1-13、1-14）。これほど多量のマグマを供給するためには、マントル

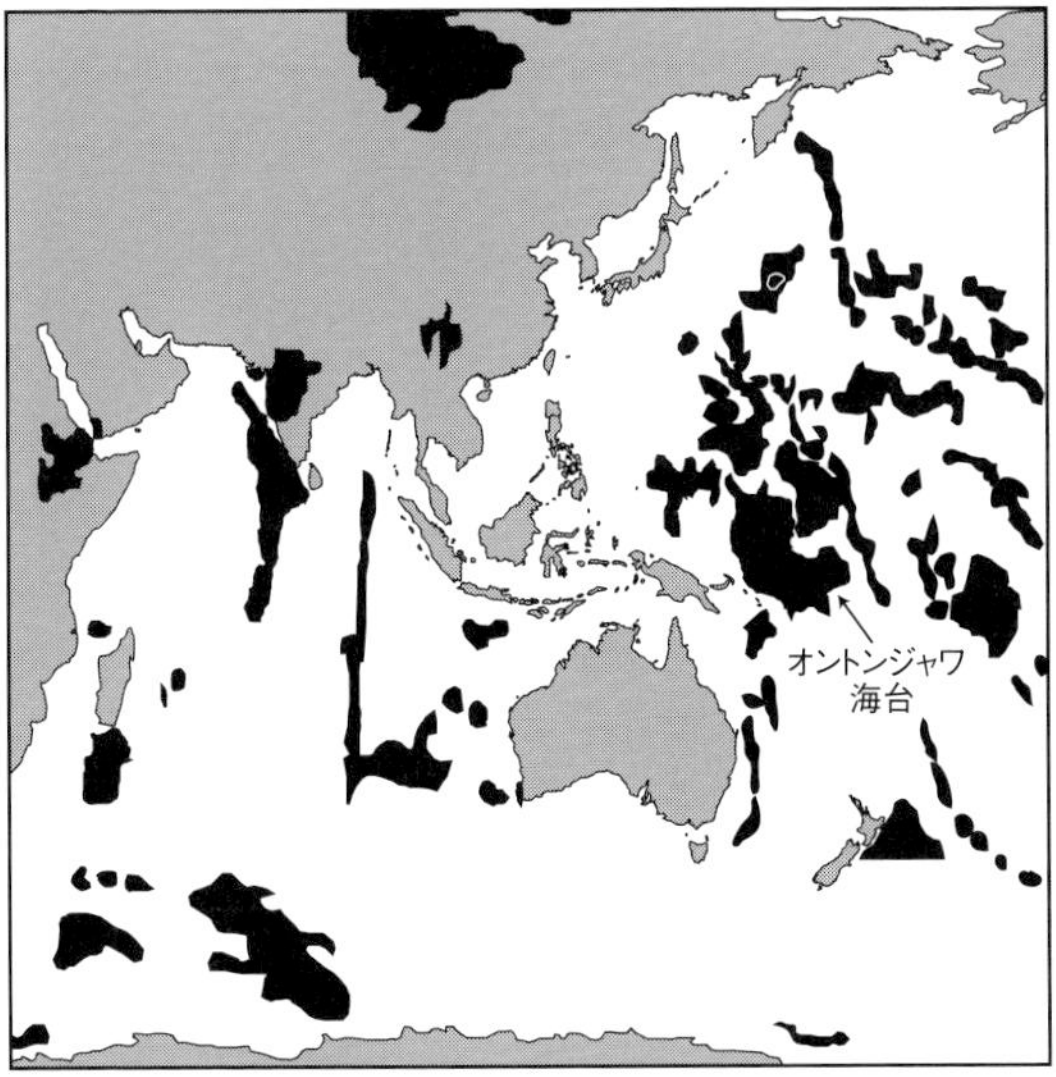

図 1-14　二畳紀以降の LIP の分布（黒塗りの部分）
オントンジャワ海台などの西太平洋に分布する LIP の多くは白亜紀に形成されたものである.

に巨大な上昇流が発生したに違いない。

マントルの質量は有限なのであるから、巨大な上昇流が単独で発生することはあり得ない。質量保存を満たすためには、マントル内には活発な下降流も起こったに違いない。マントル下降流、言い換えるとプレートの沈み込みも、マグマの発生を引き起こす。冷たいからこそ下降流であり、プレートも沈み込むのであるが、その結果熱いマグマが発生することに疑問を抱く読者もいることだろう。このパラドックスは、次のようなプロセスで解くことができる。プレートが粘性流体であるマントルへ沈み込むことによって、プレートがその直上のマントル物質を引きずり込み、その質量欠損を補うようにマントル深部から物質が流れ込んでくるために、プレートと地殻に挟まれた部分（マントルウェッジ、ウェッジは楔の意味）に高温状態が作り出されるのである。

話を白亜紀に戻そう。この時代は、太平洋の周りの沈み込み帯で、非常に多量の花崗岩マグマが形成されたことが知られている（図1-13）。日本列島の背骨を作っているのもこの時代の花崗岩である。

白亜紀の大異変では、地球の中心、つまり核でも異常が起こっていた。鉄が主成分である核は、内核と外核の二層からなり、前者は固体、後者は液体であることが、地震波の解析からわかっている。外核では、五〇〇〇度にも達する地球中心部の熱を効率的に運ぶために、時速一〇cm程度の対流が起こっている。外核では、導体である金属がこのような運動をすることにより、電磁誘導によって三〇億アンペアという強烈な電流が流れており、核は巨大な電磁石となっている。

このような地磁気ダイナモ作用によって発生する地球磁場は、数千年〜数十万年の時間スケールで、南北が逆転することがよく知られている。現在の地球では、北極部にS極、南極部にN極に相当する磁極があるが、たとえば今から約八〇万年前には、地球磁場は現在とは逆の極性を示していた。地球磁場は、このように逆転を繰り返すのが普通なのである。ところが白亜紀中期の地球では、地球磁場の逆転がほとんど起こらず、「地磁気静穏期」と呼ばれる時代が三〇〇〇万年以上もの間続いたのである（図1-13）。その原因はまだよくわかっていないが、マントル対流が活発であったことと連動して、外核の運動も活性化していたものと推察される。

白亜紀地球システム変動のトリガー

このように、白亜紀中期の地球は、地球中心から磁気圏までのいろいろな部分でほぼ同時に変動が起こっていたのである。地球を一つのシステムと考えた場合、それを構成するサブシステムが互いに連動し、地球システム全体が変動したらしい。一体このシステム変動のドライヴィングフォースは何であったのか？　また、その終焉のきっかけになったのは何であったのか？

非常に単純な仮説を紹介してみよう。それは、マントルの底、核との境界からの大規模なマントル上昇流（煙突から出る煙にたとえて、プルームと呼ばれる）が、白亜紀地球システム変動の原動力であったとする考えである。マントルの最下部は、核からの熱の供給で高温の状態にあり、その上の部分に比べて粘性が低い、と考えられる。この部分の密度が上部に比べて小さくなれば、マントル最下部の物質は、巨大な「玉ころ」状に間欠的に上昇する（図1-7）。筒状の容器の中を、色のついた丸い形状の液体が、ポコポコと上がっていく置物を、インテリアショップで見かけたことがあるだろう。これと原理は同じである。

ただ、どうしてマントル最下部の密度が低下するのかはよくわからない。核から炭素、酸素、水素、硫黄などの揮発性元素が供給されるのか、それとも高温のために密度が下がるのか？　元来、重いからこそマントルの底に溜まった物質を、再び持ち上げるのはそれほど簡単ではないのだ。

巨大マントルプルームは、大量のマグマを作り出す。このマグマがＬＩＰや巨大海台を形成するのだが、その際にマグマの中に含まれていた揮発性元素は海や大気中へ放出される。これらのガスが温

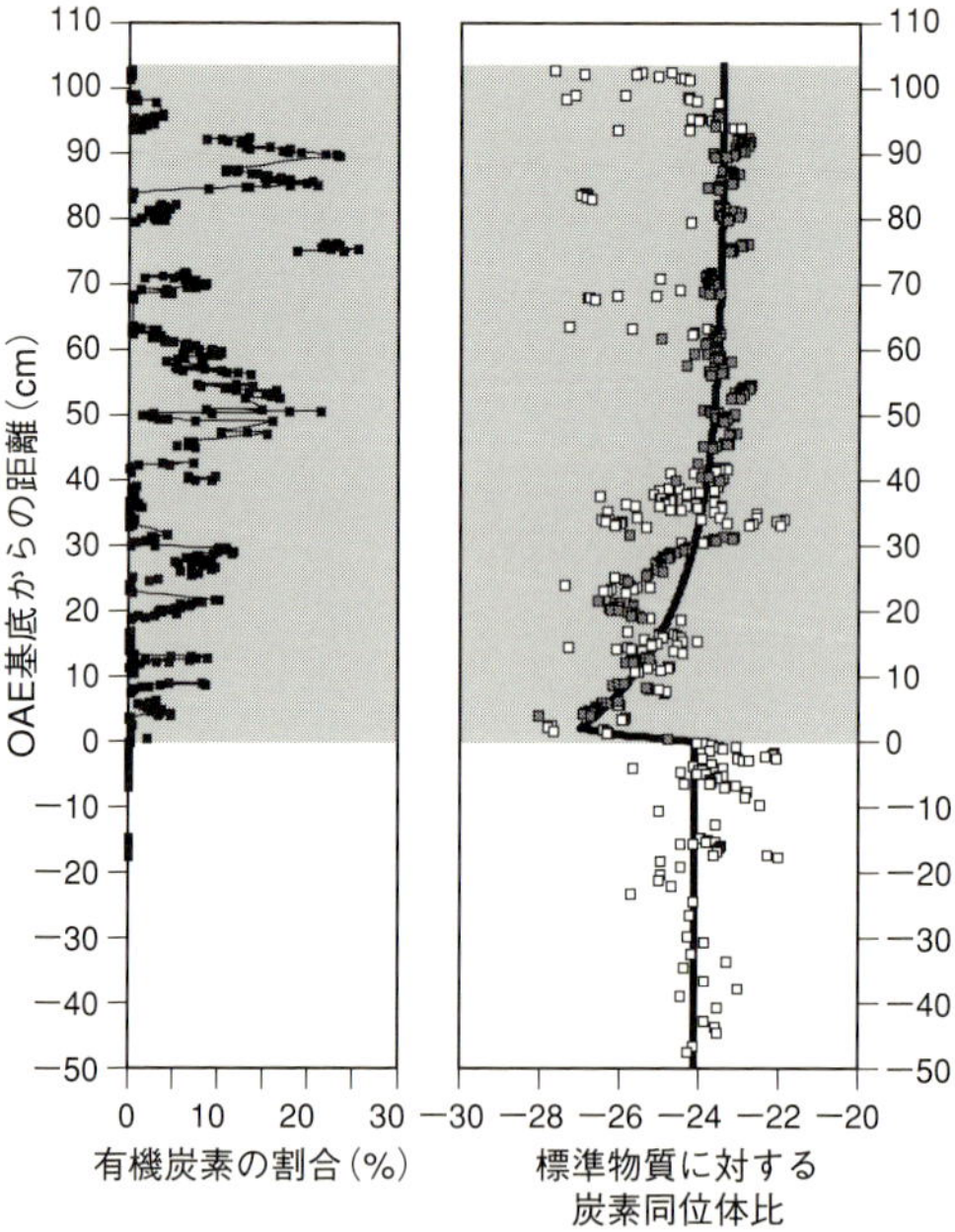

図1-15　黒色頁岩に認められる有機物起源炭素と炭素同位体の変化

室効果を引き起こす可能性がある。また、海水に溶け込んだガスは、海水の組成を変化させるであろう。図1-15に示すように、黒色頁岩の形成開始時には、炭素同位体比の急激な低下が起こっている。この現象は、マントルから多量のガスが海中に供給されたと考えることで説明することができる。

先にも述べたように、巨大なマントル上昇流の発生は、マントル下降流も活性化する。そのために沈み込み帯のマグマ活動が盛んになるのである。図1-13に示すように、LIPの形成（上昇流）に比べて、沈み込み帯マグマ活動（下降流）はタイミングが遅れている。このことは、上昇流がマントル対流活性化の原因であることを示している。マントル内の対流が盛んになれば、核から熱は効率的に取り去られ、その結果、外核の対流が活性化される。それが原因で、地磁気ダイナモは磁場の反転を起こさなくなった、と考えることができる。

作業仮説の検証に向けて

さて、この仮説を検証するには、IODPで何を行えば良いのであろうか？　作業仮説では、マントル上昇流およびその結果としてのLIP・巨大海台の形成が、白亜紀地球システム変動を引き起こした原因と考える。このことを確かめるには、①巨大海台の形成が、他の変動に先行していること、②マントル上昇流が最下部マントルに起源を持つこと、を実証しなければならない。

私たちは、白亜紀巨大海台の中でも最大であるオントンジャワ海台（図1-14）で、集中的な掘削を実施し、海台を構成する火成岩に対する放射年代測定を用いて①を検証する。さらに、これらの岩石の化学的特性を解析して、マントルの底に溜まっていることが予想されるプレート物質が上昇流に含まれているか、核からマントルへの化学的寄与（たとえば、マントルに比べて圧倒的に核に濃集する白金族元素の付加）が認められるか、などを調べる予定である。

マントル上昇流によって運ばれた揮発性元素の大部分は、マグマが固結する過程で海洋や大気中へ放出されてしまい、海台を構成する岩石中にはほとんど残存していない。したがって、温室期地球の形成に主要な役割を果たした可能性のある温室効果ガスの総量を求めることは、はなはだ困難である。

一方、マントルでマグマが発生した直後に結晶化したと考えられる、スピネルやカンラン石と呼ばれる結晶の中に、マグマがガラス状に取り込まれている場合があり、その部分（多くの場合、直径数ミクロン以下）を分析することで、マグマがもともと持っていたガス量を推定できる可能性があることは、よく知られていた。最近になってようやく、正確に分析する方法が確立されつつある。このような手法を用いて海台の岩石を解析することで、マントルから海洋・大気へのガス供給の総量を推定できると期待される。

地磁気ダイナモの性質、とくに磁極反転の特性については、スーパーコンピュータを用いたシミュレーション研究が進んでいる。もちろんまだ完全に解析されたわけではないので、核からマントルへの熱供給の増加が地磁気静穏期の原因であることを確かめるには、当時の磁場強度を境界条件として解析することが必要となる。とくに、静穏期開始、終了の前後で、地球磁場強度のデータを連続的に得ることが重要である。このためには、ＩＯＤＰによって採集した深海堆積物の解析がもっとも適している。

(5) 人類未踏のマントルへの挑戦―プロジェクトMohole

先に述べたように、深海科学掘削はマントルへの到達を目指して開始された。その達成は一時は断念せざるを得ない状況に追い込まれてしまったが、日本が「ちきゅう」をＩＯＤＰに投入することを決定して以来、再びマントルへの挑戦が始まったのである。

モホ面とは？

二〇世紀初頭に、ユーゴスラビア（当時）の地震学者モホロビチッチは、震源から遠い観測点では、予想される時刻より早く地震波が到達していることを発見した。この観察事実を説明するには、地震波伝播速度が不連続に増加する面が、ある深さに存在することが必要である。このような不連続面は、その後地球のどこにでも存在することが確認され、モホロビチッチ不連続面（略称、モホ面）と呼ばれるようになった。平均的には、モホ面を境にしてP波速度は六〜七km／秒から八km／秒へとジャンプし（S波も同様に不連続に増加する）、モホ面より浅部の層を地殻、深部をマントルと呼ぶ。

モホ面を挟む地震波速度の不連続分布は、大局的には、地殻を構成する岩石はマントルのそれに比べて、低密度の物質、すなわち軽元素に富んだ、岩石学的な用語を用いると、より分化したものであると考えると説明がつく。大陸地殻の形成に関して、このような岩石種の違いを生み出すメカニズムを解明することが、IODPの主要目標の一つであることはすでに述べた。一方、海洋地殻はどのような構造を持ち、どのようなプロセスで生まれたと考えられているのであろうか？

海洋地殻・モホ面の実体を解明する

海洋地殻の多くの部分では、図1-16左に示すような地震学的構造を持つことが、これまでの調査

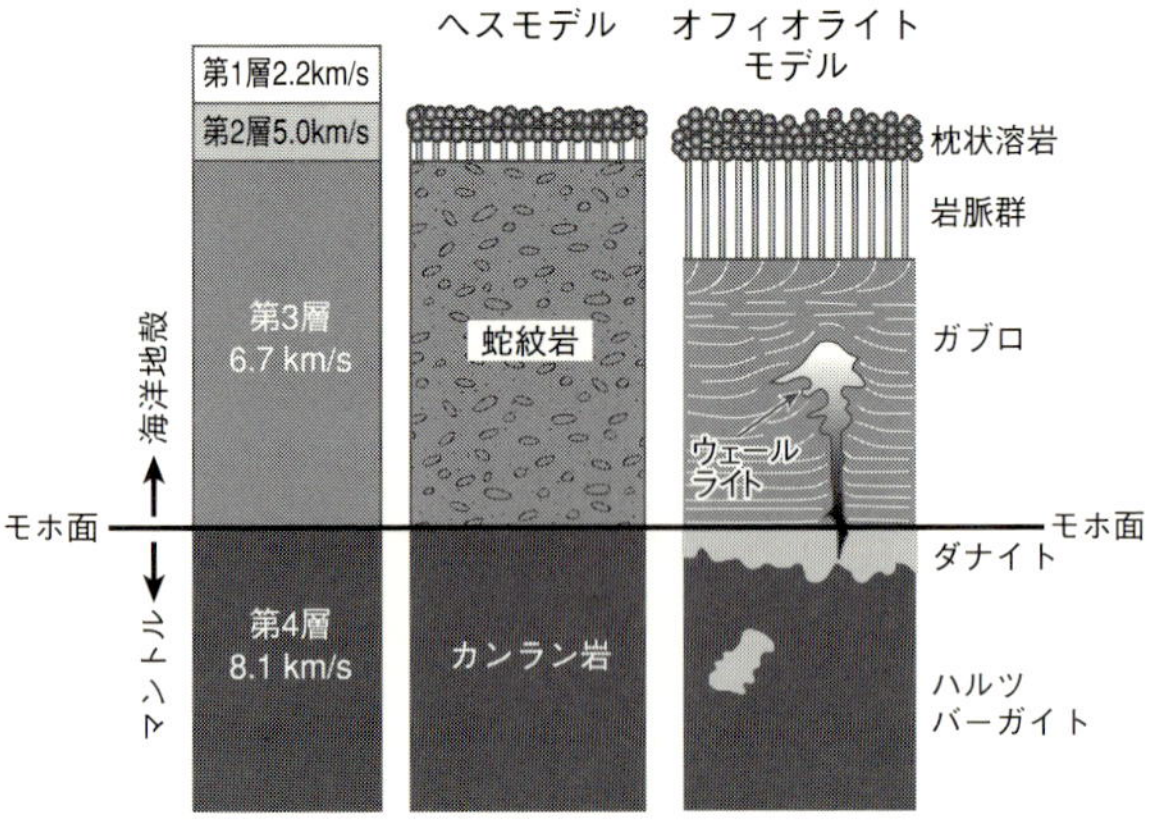

図 1-16　海洋地殻の地震学的構造とそれに対する 2 つの解釈
数字は P 波伝播速度を示す.

で明らかにされている。第一層は堆積物からなり、その厚さは海嶺からの距離、すなわち海洋地殻の年齢にほぼ比例して変化する。一方、第二層、第三層の厚さは、それぞれ一km、五kmとおよそ一定の厚さを持っている。そして第四層は八km／秒以上のP波速度を示すマントルである。第二層は、これまでの深海掘削の成果によれば、玄武岩質*の枕状溶岩および貫入岩（岩脈）で構成されることは間違いない。しかし、第三層に関しては少なくとも二つのモデルが提唱され、未だに決着はついていない。

一つは、海洋底拡大説の提唱者の一人でもあるヘスが提唱したモデル（図1−16中）である。海嶺近傍では活発な熱水循環が起こり、その結果として水が地下深部まで持ち込まれ、岩石・鉱物と反応する。マントルを構成すると考えられるカンラン岩は、このような反応によって蛇紋岩へと変化する。蛇紋岩のP波伝播速度は六〜七km／秒であり、この岩石が第三層を構成すると考えると、観察事実を合理的に説明することができる。すなわちモホ面は、海底から地中へ水が持ち込まれる限界またはフロントを示している、という訳だ。

もう一つのモデルは、オフィオライトモデルと呼ばれる（図1-16右）。地球上の造山帯には、深海堆積物・玄武岩質枕状溶岩・玄武岩質岩脈群・ガブロ・カンラン岩などが層状に重なった岩体がしばしば認められ、「オフィオライト」と呼ばれている。もう少し細かく見ると、ガブロ層の中には、ウェールライトと呼ばれる岩石からなる貫入岩が存在したり、カンラン岩層の最上部にはカンラン石が濃集した部分（岩石名はダナイト）がある（図1-16右）。オフィオライト岩体は大きなものでは長さ数百kmに及ぶものもあるが、断片的に地層群の中に含まれる場合もある。図1-16に示したような典型的なオフィオライトでは、そのP波速度構造が層構造をなす海洋地殻とよく一致する。この理由によって、オフィオライト岩体は、大陸と大陸または島弧と大陸の衝突過程において、それらの間に存在していた海洋地殻が陸上へのし上げた（「衝上」と呼ぶ）ものであると考えられている。言い換えると、海洋地殻の化石が陸上に露出しているようなものだ。この陸上オフィオライトの構造をそのまま海洋地殻に当てはめたものが、オフィオライトモデルである。

これら二つのモデルでは、海嶺においてマグマ活動によって作られる地殻量に決定的な差がある。ヘスモデルでは、第二層のみがマグマ起源であるのに対して、オフィオライトモデルでは、地殻全体がマグマの固結物である。言い換えると、海洋地殻全体の組成が、オフィオライトモデルでは玄武岩

＊比較的粘性の低い溶岩が水中を流れた際に、急冷して固結した表面を破って次々と固結することで、枕を積み重ねたような断面を示す場合が多い。

質であるのに対して、ヘスモデルではもっとカンラン岩質である。半径が六四〇〇kmの地球全体からすれば、玄武岩質の海洋地殻が一kmであっても六kmであってもたいした意味を持たない、と考える人もいるかもしれない。しかし、初期地球においてすでにプレートテクトニクスが作動していたこと、沈み込む玄武岩質の海洋地殻はマントル内を落下して底に溜まること、を考えると、上記の違いは、マントル最下部に存在する玄武岩質の層の厚さが一〇〇kmなのか二〇〇kmなのか、という大きな違いとなる。マントルの構造と進化を考える際には、二つのモデルの違いはあまりにも大きい。

マントルの実体を解明する

地球科学者の多くは、マントルはカンラン岩と言われる岩石に相当する化学組成を持っている、と信じている。少し回りくどい言い方をしたのは、同一の化学組成を有する岩石でも、温度圧力の違いにより、構成鉱物の組み合わせ・量比が変化し、岩石の呼び名を変えなければならないからである。話を戻すと、マントルの化学組成の推定は、実は非常に簡単な「引き算」によるところが大きい。それは、

コンドライト質隕石－鉄隕石＝カンラン岩
（全地球）　　（核）　　（マントル）

というものである。コンドライトとは、溶融や分化を被っていない始源的な特徴を有する一群の隕石であり、原始太陽系星雲の中で惑星が形成されていく初期の段階の情報を保持していると考えられている。地球も同様な過程で誕生したと考えれば、全地球の化学組成はコンドライト（とくに未分化な、炭素質コンドライト）のそれに等しいはずである。ちなみに、地球の誕生が今から四六億年前としているのも、コンドライトに対する放射年代測定結果に基づく。一方、鉄隕石は、主として鉄とニッケルの合金からなっており、隕石の元となった惑星の核を形作っていたものであり、地球中心核も同様の物質でできていると考えてよい。

マントルがカンラン岩で構成されると考えると、都合の良いことが他にもある。その一つは、マントルで誕生した後比較的急速に地表まで達したマグマ（ダイアモンドの母石であるキンバーライトなど）には、カンラン岩がしばしば捕獲されている。また、カンラン岩組成のマントルを考えると、地球内部の地震波伝播速度や、不連続面の存在も合理的に説明することができる。たとえば、四〇〇㎞、六五〇㎞の深さにある不連続面は、カンラン岩の主要構成鉱物であるカンラン石が、それぞれスピネル構造、ペロブスカイト構造という、より高密度の構造に変化することで形成されると解釈できる。

しかし、これらはすべて、状況証拠にすぎない。したがって、少なくとも上部マントルは、エクロガイトと呼ばれる、カンラン岩より二酸化ケイ素に富みマグネシウムや鉄に乏しい、玄武岩に近い組成であるとする説を信奉する人もいる。やはり、実際にマントルの岩石を採取して調べる必要がある。

もう少し詳しく、私たちがマントルの岩石を直接採取して調べたいことを紹介しよう。海嶺で生産される海洋地殻は、少なくともその上部は玄武岩質の岩石で構成されることは間違いない。しかも、このMORB（Mid-Ocean Ridge Basalt、海嶺玄武岩）の化学組成は、いろいろな場所・年代のものを比べても、驚くほど均一なのである。言い換えると、地球上のどの場所に海嶺が誕生しても、MORBがマントルで生産されて、海洋地殻となる。マントルの最上部は地球規模で非常に均質なのである。しかし、MORBの化学組成から推定されるその起源マントルの化学組成は、先に述べたような単純な引き算で求めた全マントルのそれと微妙に、しかし明らかに有意に異なっている。この化学組成の違いは、一体どのようにして作られたのであろうか？　地球の進化を語る上で、第一級の問題であろう。いろんな説が唱えられてはいるが、私たちがまず直接実証しなければならないことは、融解の結果生まれたMORBの化学組成と融解過程のモデリングに基づいて起源マントルの特性を間接的に推定するのではなく、直接マントル物質を調べることであろう。

モホールに向けて

「ちきゅう」の掘削能力は海底下七〇〇〇m。平均的な海洋地殻の厚さ（モホ面深度）が約六〇〇〇mであるから、マントルへの到達は十分可能である。しかしながら、マントルへの道は、それほど簡単ではない。もっとも大きな困難は、温度と水深である。一見無関係に見えるこの二つは実は、海域では密接に関連しているのだ。

海嶺で生まれたての海洋地殻、もう少し正確に言うとリソスフェアーは、海洋底拡大に伴って海嶺

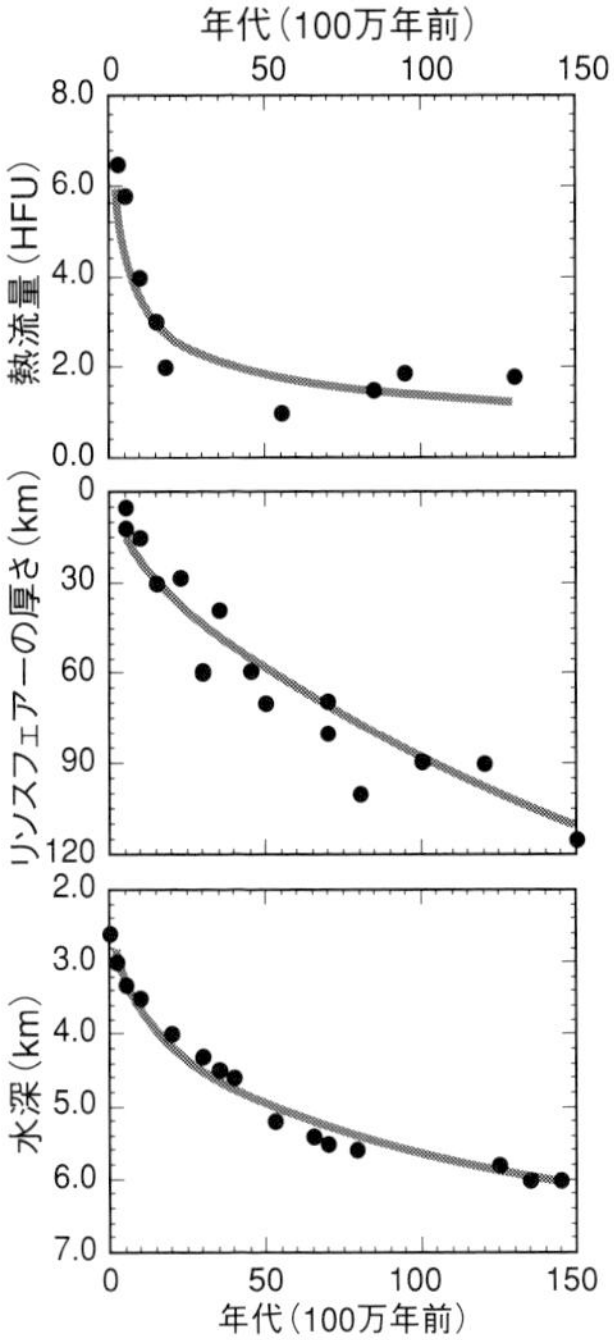

図1-17　海洋底の年代と熱流量，リソスフェアーの厚さ，水深との関係

から遠ざかると（古くなると）、だんだん冷えて（地殻熱流量が減少して）、厚くなっていく（図1-17）。これは、リソスフェアーと、その下にあり流体として振る舞うアセノスフェアーの境界が、粘性の違いによって決定されており、岩石の粘性は温度依存性が高いことによる。さらに、リソスフェアーはアセノスフェアーの上に浮かんでいるのであるから、リソスフェアーが厚く、重くなるに従って、だんだん沈んでいく。つまり、水深は海嶺から遠ざかると大きくなる。

ではなぜこの温度と水深の関係が、モホール計画の前に立ちふさがるのだろうか？　掘削時にあまり高温にあると、先端のドリルビットが持ちこたえることができなくなるので、三〇〇℃程度より低温の場所で掘削を行わねばならない。つまり、海嶺軸からある程度以上離れた場所が、モホールの候補地点となる。一方、現在の「ちきゅう」に装着されたライザー装置は、水深二五〇〇ｍまでしか稼働できない。この制約は、掘削の進行に伴って、掘削孔を順次小さくしていくというテクニックを使う以上、避けることができない。ところが、二五〇〇ｍという水深は、多くの場合海嶺近傍に限られてしまい、そうすると、先に述べた温度の制約条件を満たさないことになる。この大問題を解決し、四〇〇〇〜五〇〇〇ｍの水深でも掘削可能な技術の開発が、急ピッチで行われようとしている。

しかし地球科学者は、この技術開発の完了を指をくわえて待っているわけではない。なんとか現在の「ちきゅう」を用いてモホールを成功させようと、いろいろな調査を行っている。そのターゲットの一つが、「背弧海盆」と呼ばれる海である。背弧海盆とは、たとえば日本海や四国海盆のように、プレートがマントル内へ沈み込む地域で、日本列島やＩＢＭ弧の後ろ側（海溝から見て）に位置するところを指す。背弧海盆は島弧や大陸などの陸域の近傍にあるために、大洋に比べると水深が浅い。もちろん太平洋や大西洋などと比較すると規模は小さいが、その海底は大洋と同じように、海洋底拡大によって誕生したことが確認されている。また、先に述べたオフィオライトの中には、背弧海盆の地殻やマントルの断面であると考えられるものもある。したがって、背弧海盆の地殻・マントルを調べることも、十分に魅力的なモホール掘削ターゲットであろう。

もう一つ、二五〇〇ｍ級ライザーでも実施可能なモホール候補地がある。それは、「古海嶺」と呼ばれるものである。中南米沖に位置する「東太平洋海膨」と呼ばれる地域は、典型的な中央海嶺系の一つである。もちろん図1-17で解説したように、現在拡大中の海嶺では水深は浅いが、温度が高い。ところがこの海嶺系では、一〇〇〇万~二〇〇〇万年前に海嶺軸がジャンプしたために、現在活動的な海嶺の近傍に、比較的古い古海嶺が残存しているらしい。つまり、比較的浅い海底に、冷たい海洋地殻が存在しているのである。私たちは、この場所こそモホールの最大のターゲットの一つであると考えており、地震学的・電磁気学的・熱学的探査を含む総合的海域調査を計画している。

他にも、モホールに向けて私たちが行おうとしていることがある。オフィオライト岩体は、海洋地殻・マントルの一部が陸上に衝上したものと考えられているが、この岩体を徹底的に調査して、モホール実現の暁にどのような岩石が採取されるか、それらの岩石の物理的特性はどのようなものであるか、を予想しておこうというものである。世界各地に分布するオフィオライト岩体の中で、もっとも連続的な地殻・マントル断面が大規模に露出しているのは、アラビア半島の東南端に位置するオマーンである。これまでの調査によって、このオフィオライトは、約一億年前に広がっていたテチス海の海洋地殻であることがわかっている。昨年の終わりには、調査隊の第一陣がオマーンへ向かった。

終わりに

ここで概観してきたように、深海科学掘削は、まさに地球研究のフロンティアである。深海掘削の成果は、私たちの地球を知る上で、重要な束縛条件を与えることは間違いない。しかし、半世紀におよぶ歴史を経た深海科学掘削では、「掘れば必ず大発見」という時代はとうに過ぎ去った、と考えるべきだろう。さらに私たちは今、「ちきゅう」という史上最強の、そして相当に高価なツールを手にしている。私たち科学者は、周到に吟味したターゲットを掘削して、大きな科学成果を上げることを要求される。

ＩＯＤＰ研究者は、ホームランを当然のように期待される四番打者と、使命を共有している、と言える。しかもわが国は、ＩＯＤＰを主導する立場にある。まるで、球界の盟主球団の四番打者のようなものだ。私たちは、「目の覚めるようなホームラン」をみなさんにお見せできる、と確信している。応援よろしくお願いします！

第2章

地球システムをリアルタイムで診断する

地球テレスコープ計画

金田義行

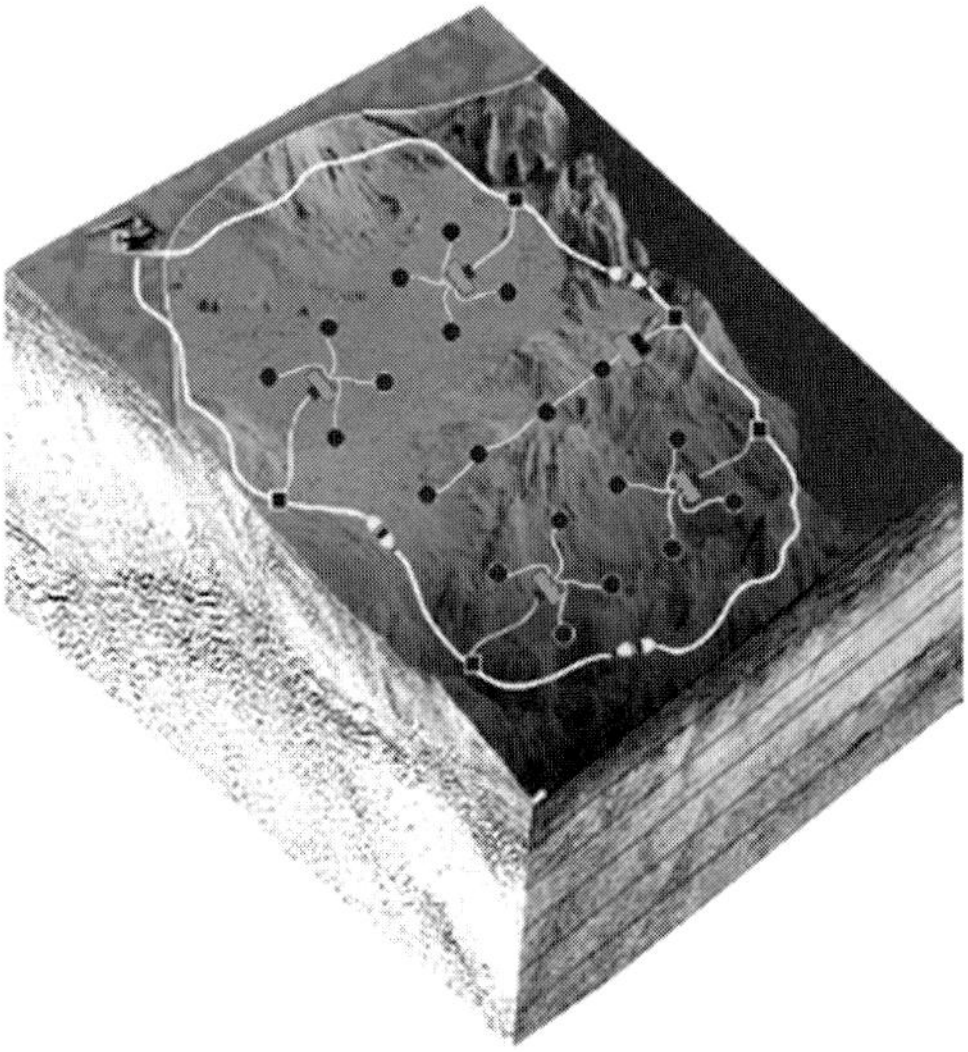

紀伊半島沖で展開される予定の海底地震・津波監視システムDONET概念図

（1）驚異に満ちた地下世界を探る

地球の中はどうなっているのか。古来より人は多くの神話を創ってきた。真っ赤なマグマが噴火する火山からは煮えたぎる地底世界を、流れ出す清廉な清水からは地下水で占められた地下世界を、そして今でも人を魅惑する地底空洞世界を創造してきた。こうした見えざる暗黒世界が天上の星ぼしの世界と対をなして、天国と地獄、天上と地底という神話世界を人は創ってきたのである。そして、その隙間に現世があるという。このように地下世界がどのようなもので、それが年月とともにどう変わるかということは、天上の星ぼしから知る季候の変遷と同様、人が生きるすべに大きく関わる事柄であった。そのためにこそ、大地を破壊する神々、火を操る神々、水を操る神々（竜神）が奉られたのであろう。

こうした神話世界中心の地底観は、実に一九世紀にまで生き延びてきた。そして二〇世紀になってはじめて、地球内部という見えない実態が垣間見えるようになったのである。その中心は地震観測であり、地磁気測定であり、地球の中から流れ出る熱エネルギーの測定であった。加えて、放射性同位体の組成から岩石の年齢を測定したり、超高圧・高温で岩石や鉱物を融かしたり変化させたりする実験を通して、大規模な地球の中の暗黒世界への調査が開始されたのだ。

ところで、見えない地球内部を見たいという欲望には、もう一つの理由があった。それは石油や石炭など、いろいろな地下資源を探すための資源探査である。これこそが見えない地球の中をいかに見るか、努力を続けてきた大きな理由である。

地球の内部は岩石だから見えないのだが、岩石は叩くと音がする。つまり音の波は通すのだ。そして地震は広い範囲にまで揺れが伝わる。つまり揺れの波が伝わっているのだ。地震観測が世界の各地で始まると、揺れが観測された時刻から、地震の波の広がりが地球全域に及んでいて、音の波が地球内部全体を伝わっていたことがわかった。そうであれば、その波の音をいろいろ調べれば、暗黒世界がぼんやりとでも覗けるだろうということになった。

こうして地震波を使うことで、地球の中がぼやけた像ではあるが、ついに見えてきたわけである。地球はいくつかの層に分かれた世界だった。中心に核があり、その外側にマントルがあり、さらに地殻が区別された。この発見が一九三〇年代のことである。

地震計の記録には、横軸に時刻を、縦軸に揺れの大きさをとってある。その記録を見ると、ふだん小さくふらふら揺れているが、地震の波が到達すると始めに小さな揺れがきて、それにつられて振動し、しばらくしてから急に大きい揺れがくる。早くくる揺れは縦波（P波）で、後からくる揺れは横波（S波）だ。その時間の遅れから、地震の起こった場所と地震計の置かれた場所との距離がわかるのである。むろん一カ所で測っているだけでは距離は出せない。三つの地震計があると、それぞれの距離を半径とする円を描き、重なった点が地震の起こった場所のはずである（図2–1）。

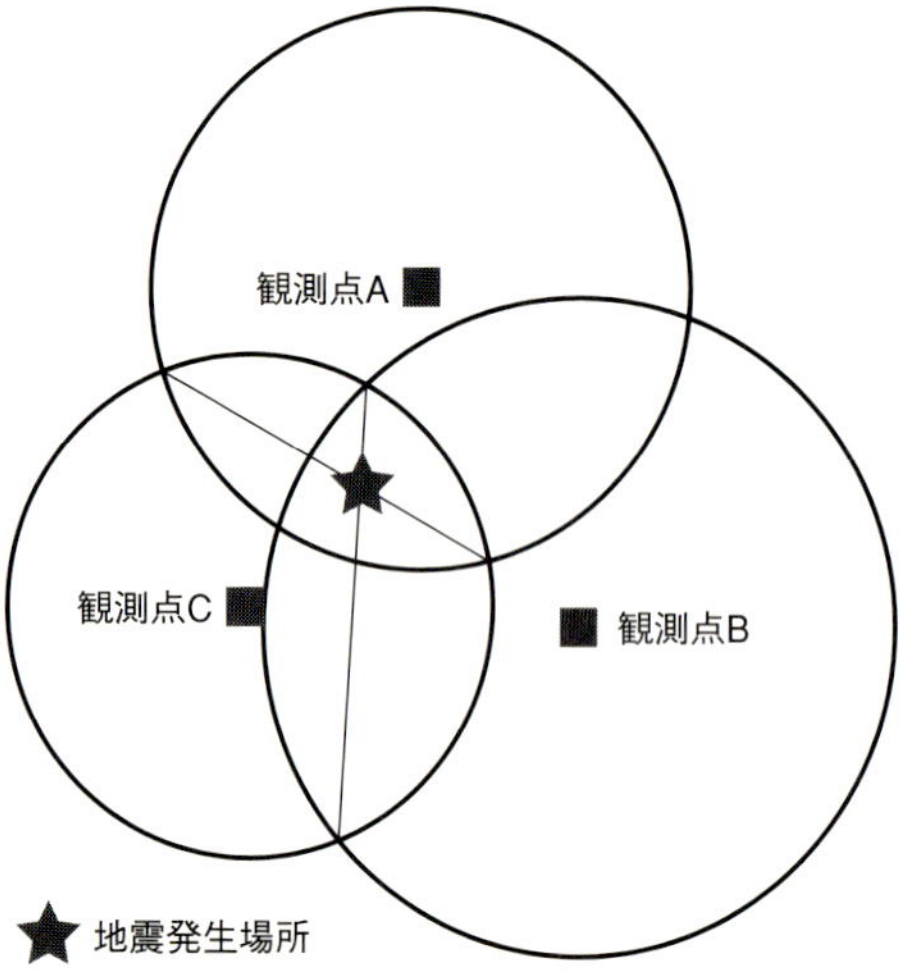

図 2-1 震源決定手法

各観測点で得られたＰ波とＳ波の到達時間差から推定される距離を半径とした同心円を描き，その交点から震源を求める．

しかし、地球の中で地震は起こるので、深さもわからなくてはいけない。そこで、三カ所以上の地震計が必要となる。地震の波が真っすぐ進むならば解析は簡単なのだが、実際には地下を進むとき曲がるので、かなりやっかいである。なぜ曲がるのかというと、ちょうど水を入れた洗面器に指を半分入れると、指が水面で折れて見えるのと同じ理由である。光が空気から水に入ると屈折し、曲がるのだ。地下の深いところでは次第に岩石が圧縮され、密度が増えるので、波が速くなり、屈折する。こうして地震の波が地下では曲がっていくのだ。この曲がり方を調べることで、地殻やマントル、そして核がどのような鉱物からできているのか、どのような状態か、といった問いに答えが出されてきたのである。

ところで、地球はほぼ球体である。中心からどの方向へも構造は同じであるべきだろう。つまりゆで卵状の構造が基本と考えてよい。そこで地震波の縦波と横波の到達時間と地震観測の位置との関係をたくさん集めて、地球の表面から中心に向かう方向にのみ速度が違うような基本構造を与えておき、それから地球のいろいろな部分の速度のずれの強さを決めることができる。ただし、地球の内部をいくつかのブロックに区切る必要がある。その大きさはあまり細かくとることはできないが、一〇〇kmぐらいの大きさで区切れば、地球表面の火山活動や地震活動の地下で何が起こっているのかといった疑問には答えられるかもしれない。

地球全体を眺めると、火山活動が活発なのは、日本列島や北米西海岸などの太平洋沿岸域である。また、アイスランドなどの大西洋中央海嶺や、ハワイや南太平洋の海洋島地域でも盛んである。一方、地震活動が活発なのは、日本海溝やアリューシャン海溝、チリ海溝などの海溝に沿う地域だ。このような活動的な地球の内部を、ほかの平穏な地域、たとえば安定大陸の地下と比較しよう。

驚いたことに、火山活動の活発なところの地球内部では、地震波の速度が遅くなっていた。そして地震活動が多発しているところでは、地球内部は速い地震波速度を持っていたのだ。そのような異常は深さ六〇〇km程度まであり、また、ハワイやアイスランドの地下では、異常な部分は深さ二〇〇〇kmまでにも達していた。では地震の波の伝わる速さが速くなったり、遅くなったりするのはなぜなのだろうか。その理由こそが、火山噴火や地震という自然現象の原因につながるものに違いない。それには地震波の伝わる速度と、岩石や鉱物の置かれた状態との関係を述べておく必要がある。

地球の中は岩石が詰まっている。その岩石は地殻とマントルでずいぶんと違う。また、中心核はほとんど鉄からできていることがわかっている。しかし、前に述べたように、大体は地球の中心から同心円状になっているので、深さ方向には多少違っていても、水平方向には岩石は同じであると考える。すると、横方向に速度が速くなったり遅くなったりするのは、岩石が違うのではなく、ほかの要因ということになる。

では何が要因なのだろうか。二つの理由があり、一つは温度が違うということで、温度が高くなると地震波の速度は遅くなり、低くなると速くなる。冷たい冬の空気はキーンと音が高く感じ、夏の暑い日中では音もどんよりとしている感じがする。それと同じだ。二つめの理由は液体、つまり水かマグマが混じっていると遅くなるのだが、それについては後述する。

そこで、速度が速い部分は温度が低く、遅い部分は温度が高いと見ると、火山活動が活発なところの地下は温度が高い、反対に地震活動がさかんなところではマントルは冷たいということになる。このことは都合がよい。なぜなら、マグマが発生するほどに高温であるということが、火山活動の原動力であるからだ。一方、地震活動はむしろ冷たいほうが岩石の壊れる条件とあっている。つまり、地球の中の温度が場所によって変化しているわけだが、ではどうしてそのような温度の不均質ができているのだろう。

私たちはコップの中の水や、お風呂のお湯では日常的に水温の不均質を経験している。これは対流によるものだが、しかし地球のような巨大なものが本当に同様な対流運動をしているのだろうか？

この地球の中の対流運動（マントル対流）が確かめられれば、地球内部の温度の不均質が説明できる。

この地球内部のマントルは、確かにその温度や大きさそして粘性からは、理論的には対流運動を起こさなくてはならないが、これまではモデルの世界のことであった。実際このマントル対流を確かめるためには、世界各地で観測される地震波の解析が必要であった。世界各地での地震波の到達する時刻の違いから、地球内部の速度不均質分布が得られ、地球の中で熱い部分と冷たい部分があることが示された。その温度不均質分布の姿がまさしく対流の結果、つまりマントル対流であることがわかったのだ。この驚きはちょうどプレートの運動が見えたときと同じようなものである。そしてそれは地球の内部の運動と表層のプレート運動をつなげるものであった。

（2）地震波で見る地球内部

地球の中の全体像を見た結果、地球の動きの大きい枠組みはどうやらマントルの対流運動にあるということがわかってきた。対流といっても規則的な運動ではない。いろいろな大きさの高温のかたまりが上昇していて、そのかわりに表層で冷やされたプレートが沈み込んでいるのだ。理論的には、高温のかたまりは、その大きさが大きいほど速い速度で上昇する。小さいものはゆっくり上昇するし、熱量が小さいので、いずれは周囲となじんでしまい、上昇をやめるだろう。

高温のかたまりはプルームと呼ばれるが、上昇すると圧力が下がってくる。するとプルームの上部のところでは部分的に融解が始まり、すなわちマグマが作られると考える。そうならばもう少し観測精度をあげると、そのマグマがどうなっているか、どのような大きさを持っているかなどの様子が見えるのではないだろうか。一方、冷たいマントルでは何が起こっているのだろう。アジア地域の下の冷たいマントルの成因は、地球の表面で冷却されたプレートのかけらがユーラシアプレートの地下深くに蓄積しているために違いない。

日本列島のような弧状列島では、一〇〇kmから七〇〇km程度の深さのマントル部分がどのようであるかが、地表の火山活動や地震活動に直結している。そこで地球全体ではなく、もっと地球内部をローカルに小さく区切り、詳細に地下を見るシステムがどうしても必要になる。日本列島周辺には、太平洋プレートやフィリピン海プレートとユーラシアプレートの間の沈み込み境界があり、その部分で巨大地震が頻発している。そうした地震活動が活発な海域の地下の様子は、浅部から深部まで数十m～数km規模の精度でイメージ化しないと、地下の断層や境界で起こった地震の姿を見ることができない。

これには二つの方法があり、一つはたくさんの地震計を日本列島にくまなく置いて、非常にたくさんの自然地震を観測する方法（地震波トモグラフィー）である（図2-2）。この方法では日本列島下の構造を広域かつ大深度まで見ることができ、プレートの深部沈み込みやマントルの不均質構造といった地球内部をとらえることができる。もう一つの方法は、人工的に音波を地下に放ち、反射・屈折してくる波をとらえる方法である。この方法は陸上だけでなく海上でも行えるので、海底の地下構造

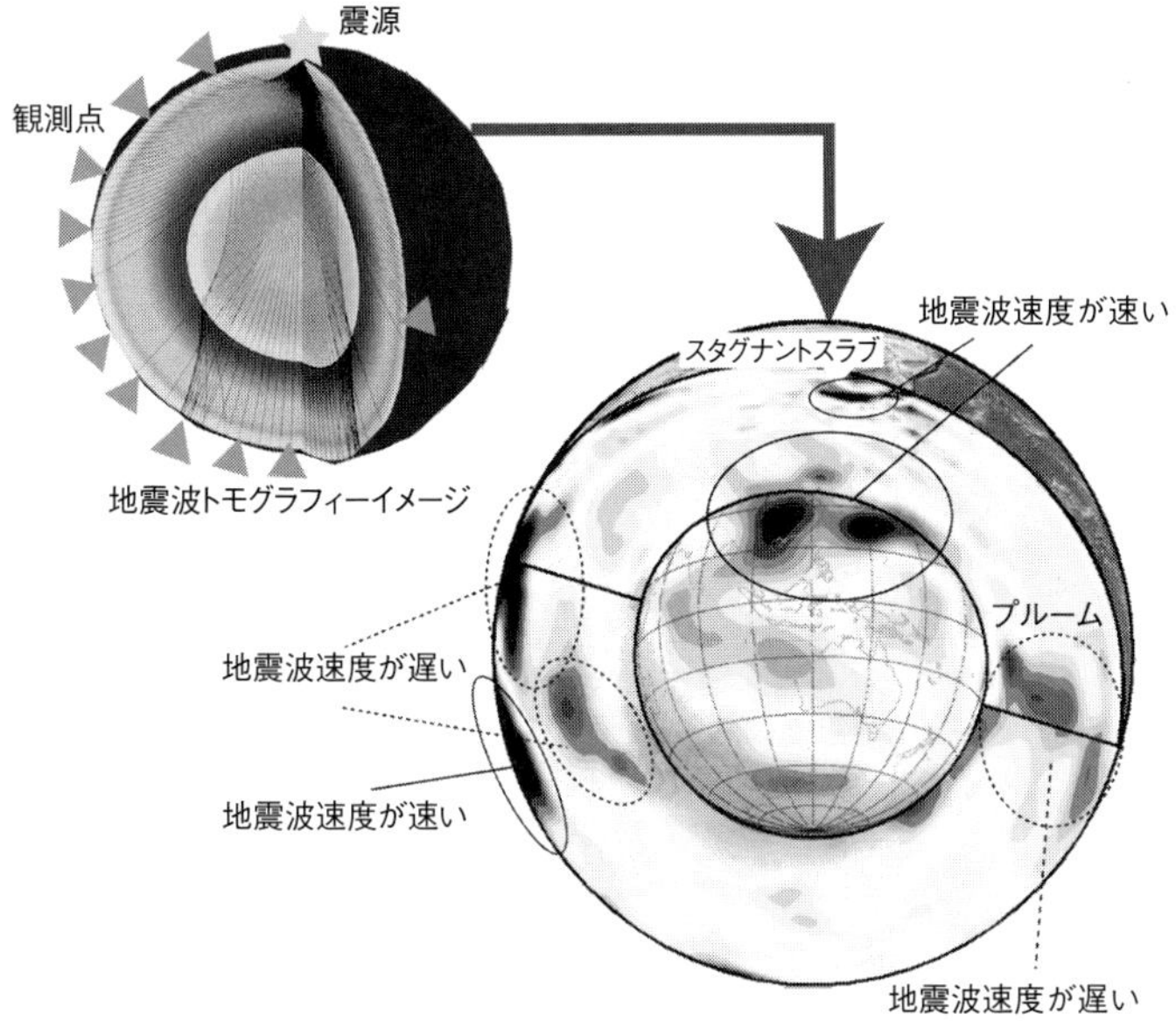

図2-2　地球トモグラフィー(http://ohp-ju.eri.u-tokyo.ac.jp/tokutei/ に基づく)
地球内部を伝播する地震波速度の遅い部分は温度が高く，地震波速度の速い部分は温度が低いと考えられる．スタグナントスラブ：マントル内で滞留している沈み込んだプレート．

を詳細にとらえるには都合がよい。
一九九八年から地下構造イメージングの目的を持つ研究船が、南海トラフ、日本海溝の地下探査を本格的に開始した。研究船はケーブルでつながった多数の受信器を持つ。一つの送信器が地下へ強力な音波を送り出し、反射してくる波を五kmほどに広がった受信器の組がキャッチする。研究船はたとえば日本海溝を横切るように移動し、継続的に観測を続ける。こうして地下から反射してくる音波の強さを並べると、地下の音波を反射する層が浮かび上がってくるのだ。この方法を反射法地震探査という。一方、耐圧容器に地震計、録音装置を内蔵した海底地震計を海底

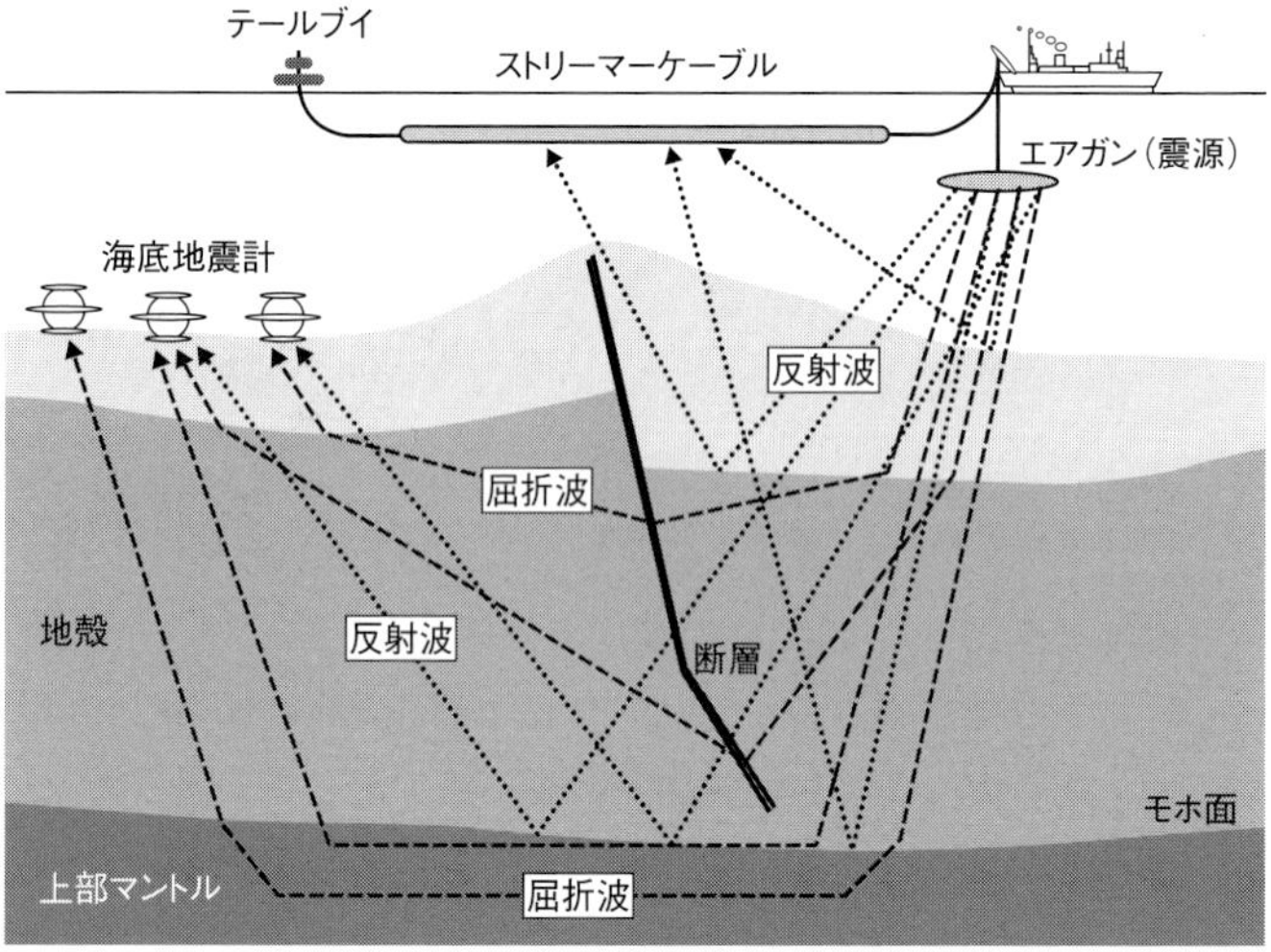

図 2-3　反射法・屈折法による海底地下構造探査の概要

に多数設置し、地下深部を伝播してくる屈折波や深部からの反射波をとらえて解析し、大深度の地下構造を調べる広角反射法や屈折法探査も実施された（図2－3）。

その結果、驚くべきイメージが描き出された。プレート境界に沿ってところどころに、著しい反射波を示す地下構造の境界が見えたのである。南海トラフでは、プレートの上面が曲がっていたり、さらには海山や海嶺が沈み込んでいた（図2－4a、b）。紀伊半島沖では、プレート境界から分岐して地震の破壊を伝える役割を果たすと考えられる分岐断層（図2－4c）や、大きな岩体がまるで「石臼」のように紀伊半島潮岬沖の海底下に存在している様子（図2－4d）が見えた。また、日本海溝に沈み込んだプレートの構造には、海底で見えている断層構造がそのまま沈み込んで残っている（図2－5）こと、プレート境界付近で起

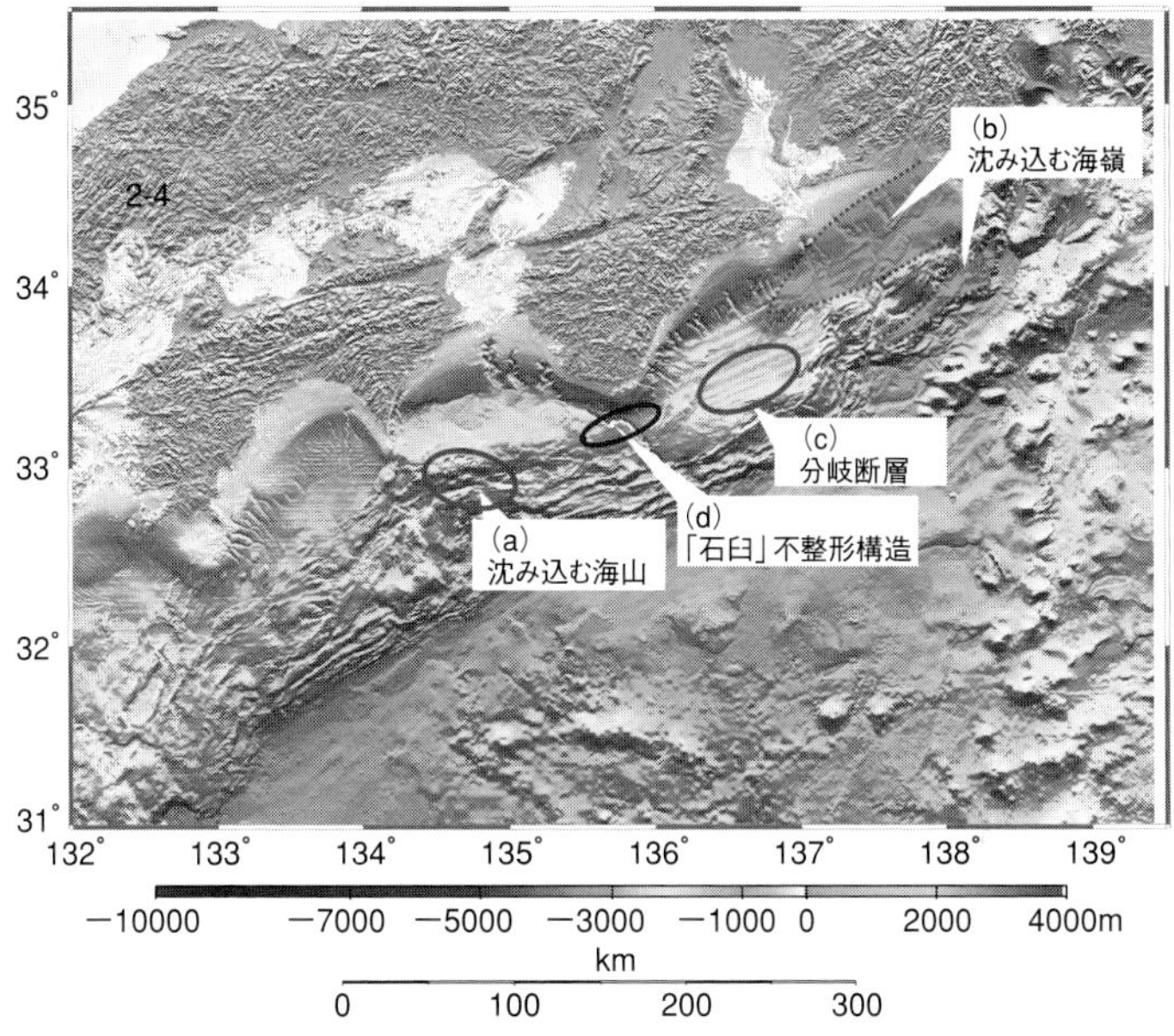

図 2-4　南海トラフ巨大地震発生帯の地下構造要因

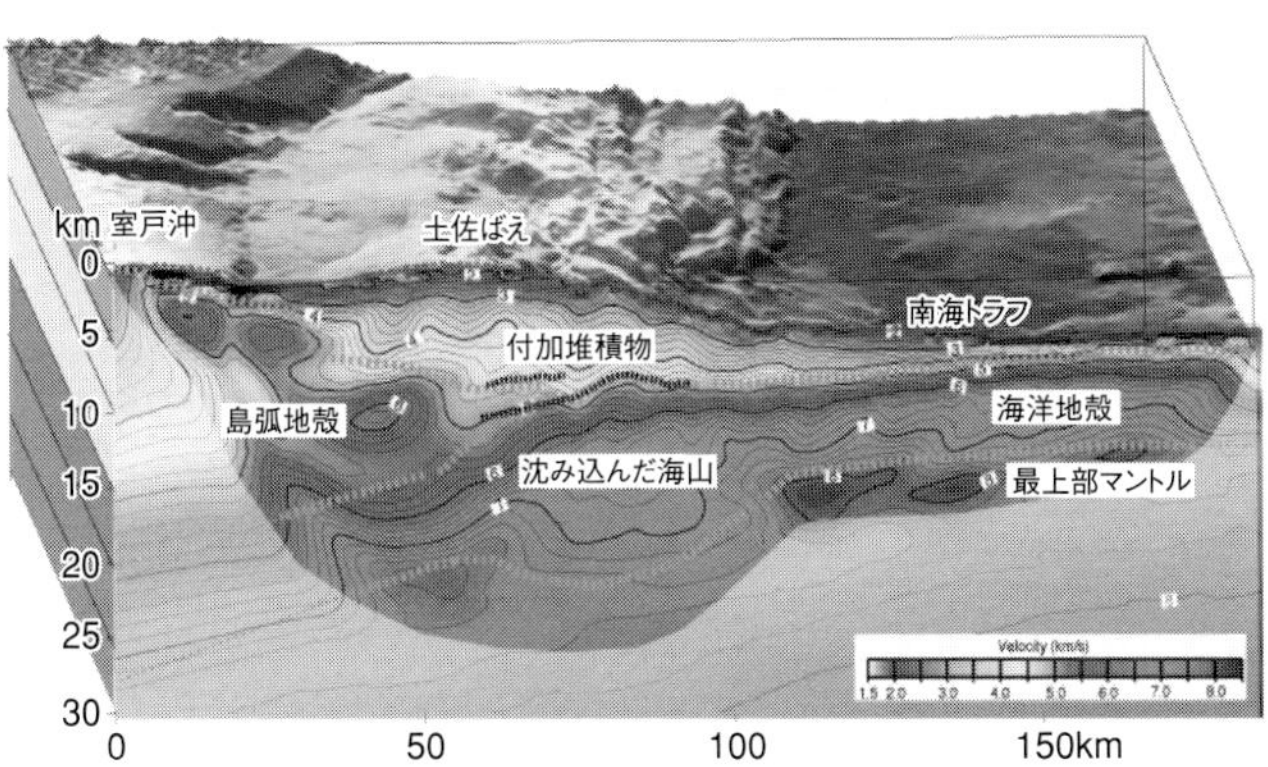

(a) 沈み込む海山（南海地震震源域）(Kodaira *et al.*, 2000).

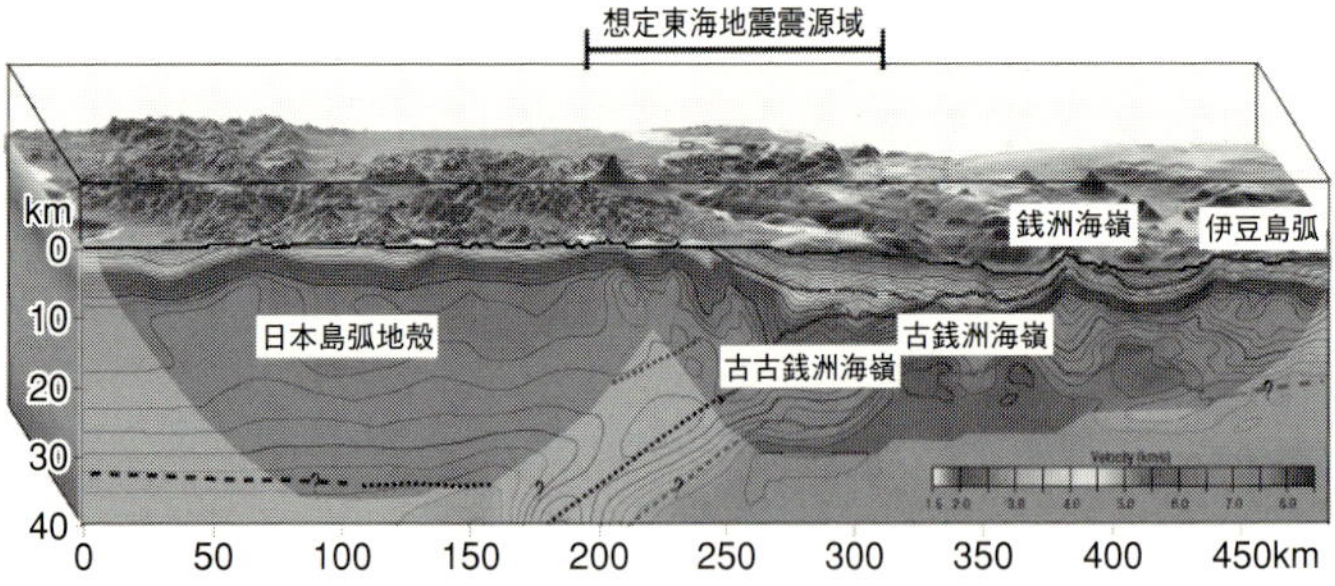

(b) 沈み込む海嶺（想定東海地震震源域）（Kodaira *et al*., 2004）.

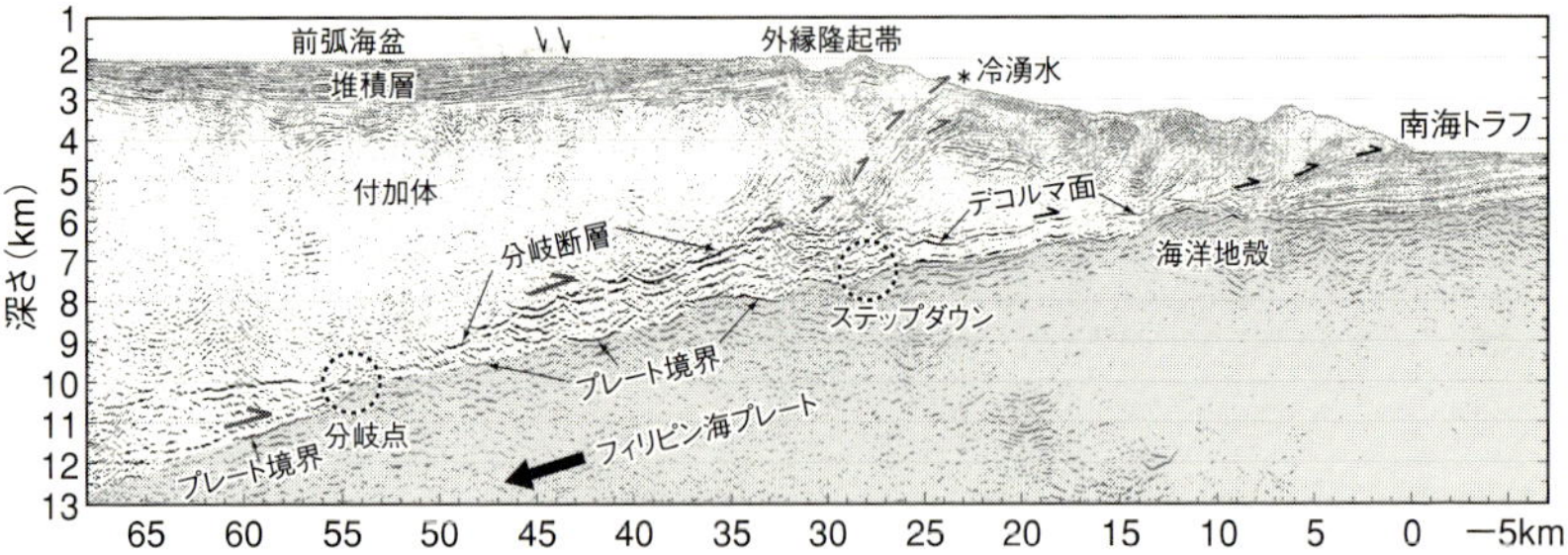

(c) 分岐断層のイメージ（東南海地震震源域）（Park *et al*., 2002）.

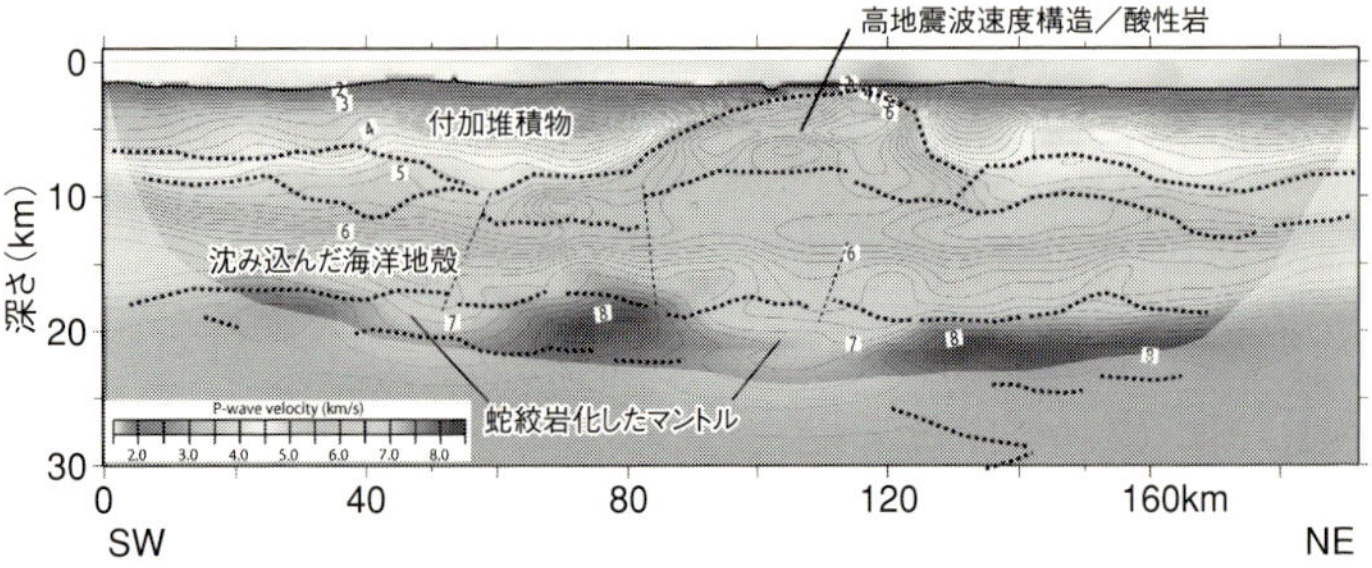

(d)「石臼」のような不整形構造（東南海，南海地震震源境界域）（Kodaira *et al*., 2003）.

図 2-4（続き）

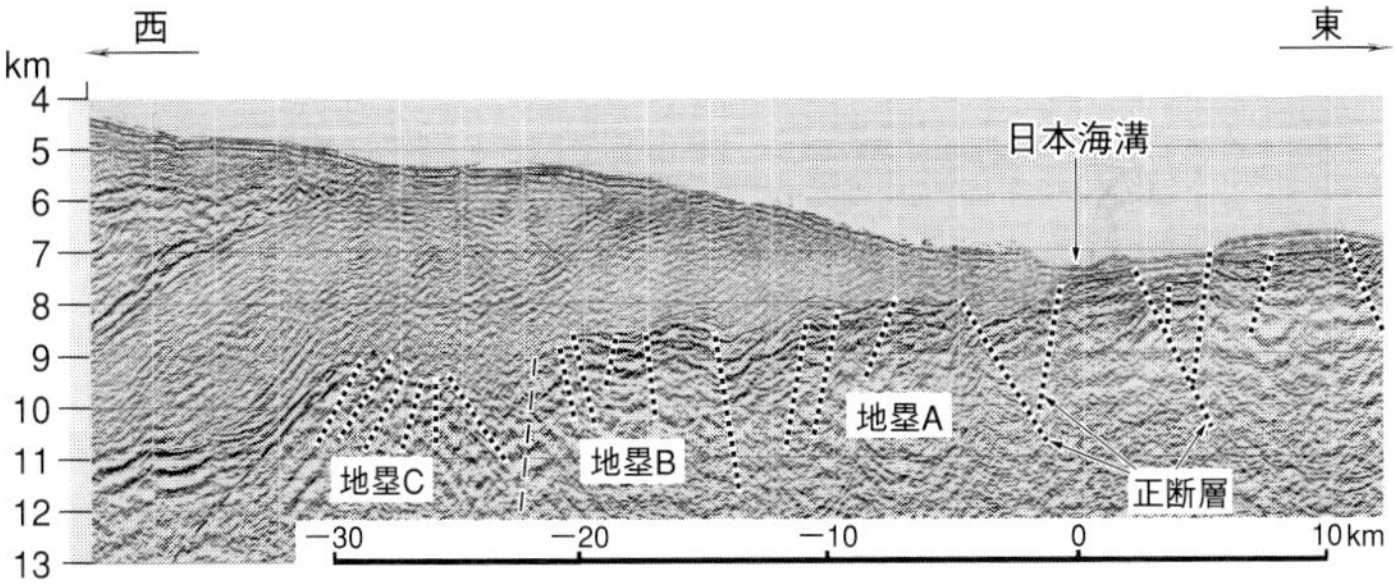

図 2-5　三陸沖の地塁地溝構造（Tsuru *et al.*, 2000）

こっている小さい地震の震源は、実は太平洋プレートの中の海洋地殻の部分であったことなどがわかった。

これらの詳細な沈み込み境界の位置がわかってくると、それを基にした地震波トモグラフィーにより、地下深部の地震波速度構造が高精度にイメージ化される。その結果、太平洋岸の地下に広がる上部マントルは、どうも場所によって地震波の速度が速かったり遅かったりすることが見えてきた。以前から日本列島の真下の上部マントルには速度が遅い部分があって、そこではマグマが作られていると思われていたが、それよりも海溝寄りの場所であり、温度はマントルが融解するよりもずっと低い場所なのである。つまり、沈み込む太平洋プレートは同じものなのに、それが沈み込んだプレートと日本列島の間に挟まれている上部マントルの速度が、遅くなったり速くなったりすることは、実に奇妙なことなのである。最近になって、その部分で地震の横波の伝わり方が方向によって違っている（異方性という）ことが確かになってきて、これらを併せて考えると、上部マントルの速度構造の不均質がより明らかになってきた。

沈み込んだプレートの上部に横たわる上部マントルは、そのプレートが脱水した水を均質に吸収して蛇紋岩となり、地震波速度は小さくなるはずである。にもかかわらず、水を吸収していない部分があるということが奇妙さの原因だ。その部分ではプレートは長い間脱水していないのだろうか。沈み込んだプレート境界域上部では、それでも近傍で水に起因すると考えられる小さな地震が群発しているし、後で見るようにその近傍では火山活動がある。つまり上部マントルには、深いところでは水が染み込んでマグマを作り出しているのだ。このように沈み込むプレート全体としては水を深部にまで取り込んでいることはわかってきたが、水を吸収したりしなかったりする仕組みがまだわかっていないのだ。この奇妙さはまだ解決してはいない。

最近になってノイズを減らして解像度を上げる手法も開発された。それは測線を複数とり、それを重ね合わせてさらにノイズを下げる方法である。三次元反射探査法とも言う。この手法によって、南海トラフ近傍の地下構造が驚くほど細かく見えるようになった。新たに見えたのは、複雑な断層群であった（図2–6）。

精度の高い観測はしばしば科学を飛躍させる。精密な地下構造が得られ、それを基に地下の地震波速度分布の詳細を調べると、反射層に挟まれたプレート境界の地震波速度が遅くなり、さらにその境界層の縦波と横波の速度の比が大きくなることがわかった。このプレート境界層では、地震波の速度がともに遅くなっても、その比はたいして変わらないだろうと推測していたので、その比が大きくなることは驚くべきことであった。

この発見はプレート境界層の新しい理解へと導く一つの大きな扉となった。縦波と横波の速度比が

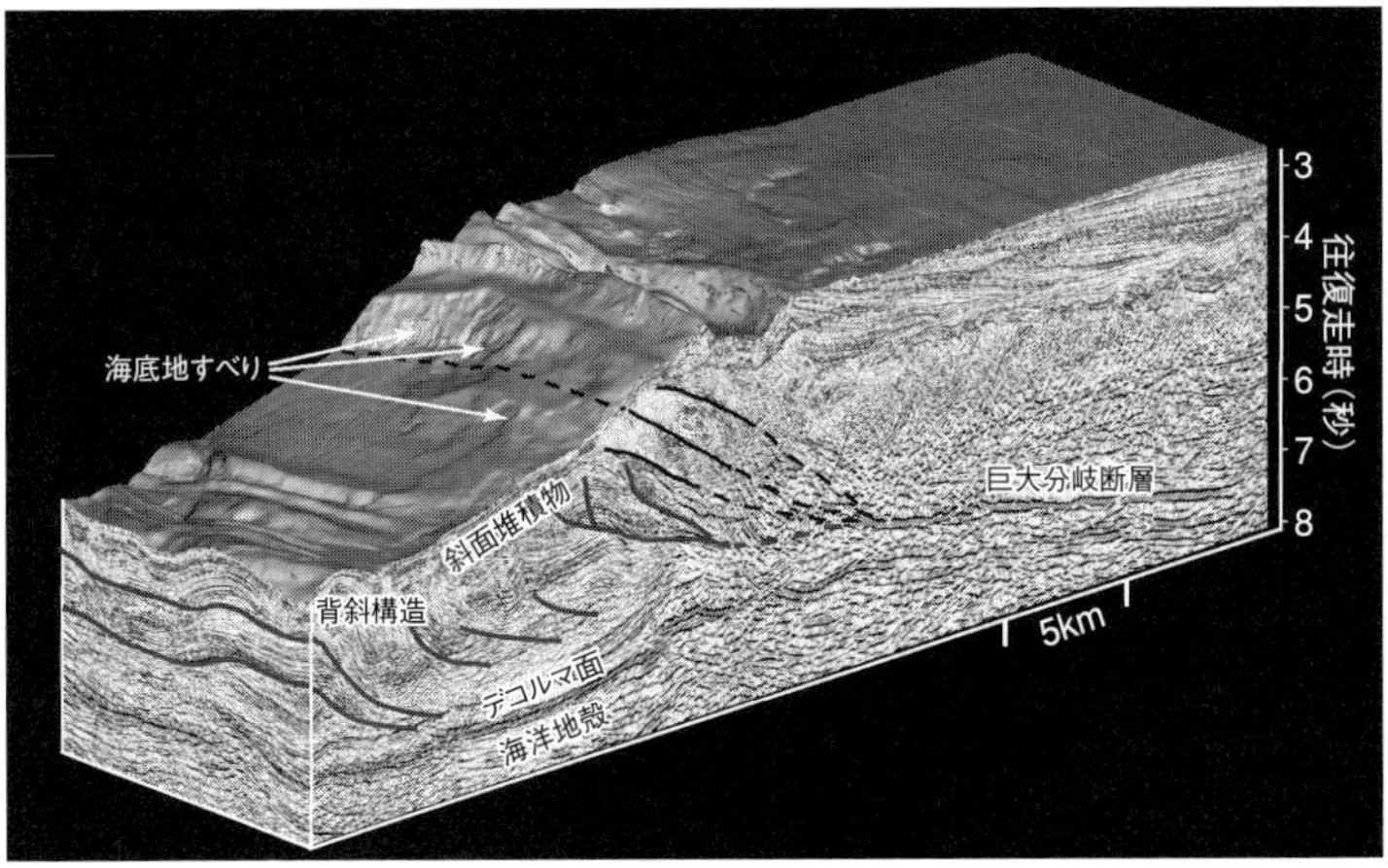

図 2-6　南海トラフ三次元反射構造（熊野灘沖）（Moore *et al.*, 2007）

大きくなる原因というのは、唯一液体があるということによる。温度はたかだか五〇〇℃であるから、岩石は融けないので、マグマではない。つまり、答えは水の存在だった。しかもその水がクラックのように、平たいレンズ状に入っていると考えると説明がつく。これでプレート境界のイメージができた。これまでもプレート境界とは単純な一枚岩ではなく、地震を起こす固着域（後出のアスペリティ）とずるずると常にすべっている部分とが、互い違いに広がっているイメージを思い描いていた。しかし温度や圧力は同じで岩質も同じなのだから、そのような違いがどうしてできるかということはまるでわからなかったのである。

その後、北海道の沖で二〇〇三年十勝沖地震を挟んだ前後の二〇〇一年と二〇〇四年に観測した反射法のデータを同じ方法で解析し、精密に比べたところ、なんと反射波の性状が大きく変化していたことがわかった。三年間の間にプレート境界の状態が変化したこと

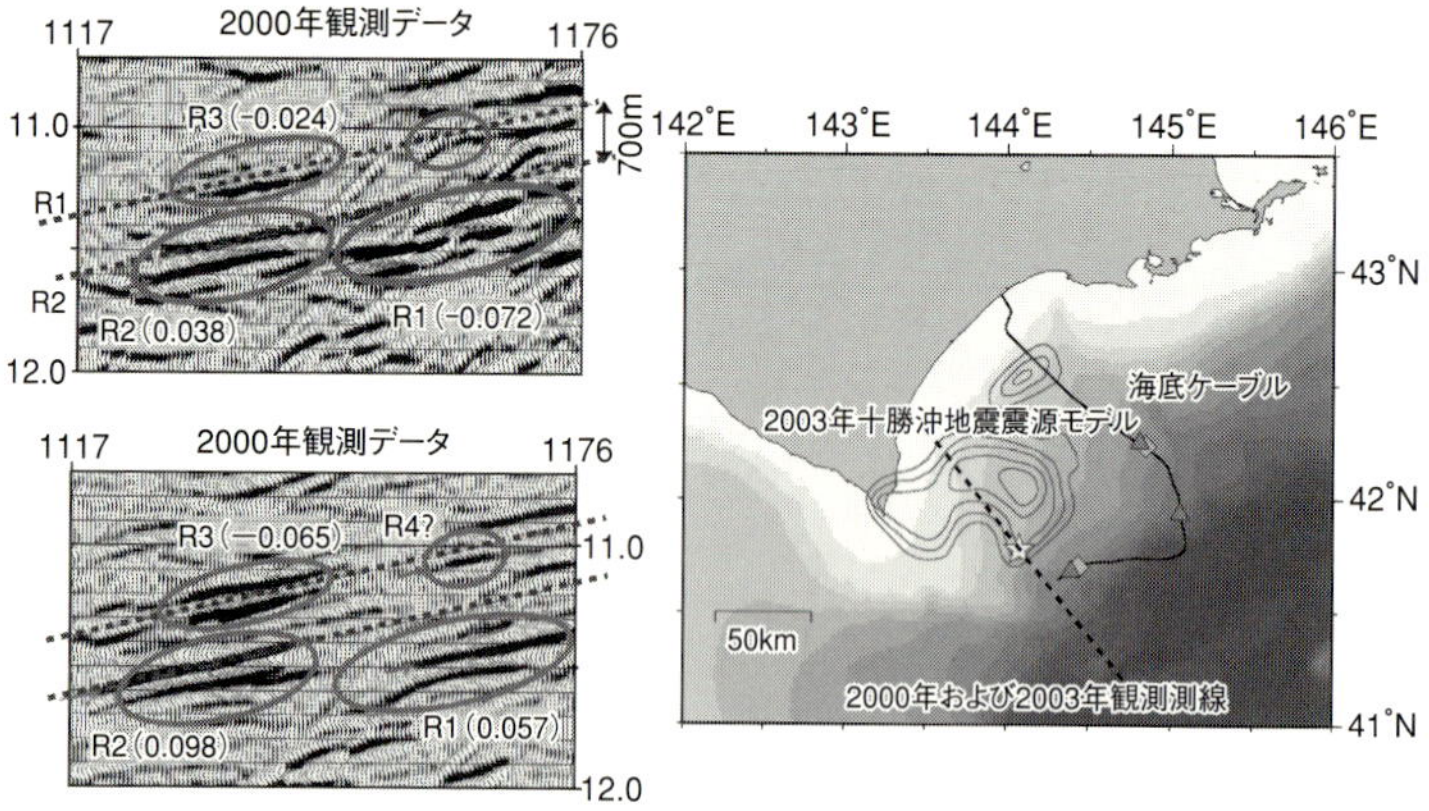

図 2-7　2003 年十勝沖地震の前後で実施された反射法探査結果の比較（Tsuru *et al.*, 2005）

地震前後で反射波の分布が異なっている.

になる。つまりプレート境界はいつも同じではなく、変化する場であった。すでに述べたように、境界層の中にはレンズ状の水がある。地震前後の岩石に含まれる水の量の変化は、速度の比から一〜五％程度といえる。反射の程度が変化するということは、その水の量が三年間で変化したのだ（図2-7）。

（3）地震計ネットワークで探る

日本列島はいまや地震観測では針ねずみ状態だ。精密なデジタル地震計のネットワークが全国に張り巡らされ、稼働している。一九九七年以来いろいろな機関がつくっていたネットワークが統合されて、いまでは精密な震源の位置と深さがたちどころに出る。そして地震波のいろいろな波長もデジタルできちんと記録されているので、地震断層がどのようにすべったかについてまで見えるようになった。

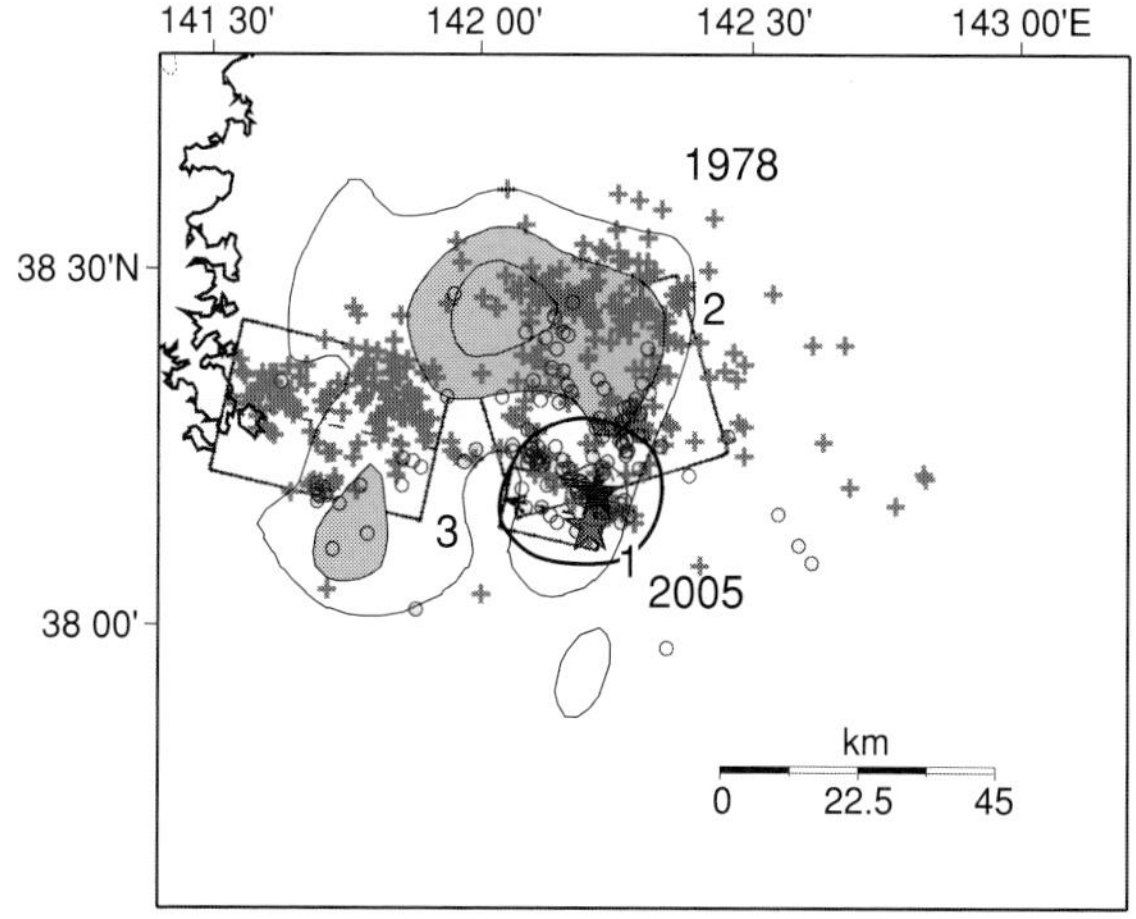

図 2-8　宮城県沖地震震源モデル（Okada *et al.*, 2005）
繰り返し発生する地震で大きくすべる場所の分布は概ね決まっている．番号 1, 2, 3 は 1978 年宮城県沖地震で推定された断層モデル（Seno, 1980）．＋は 1978 年の，○は 2005 年の宮城県沖地震後 2 日間の余震分布．網がけは 1978 年宮城県沖地震で推定されたアスペリティ（Yamanaka and Kikuchi, 2004）．

いろいろな場所にデジタル地震計を置いてネットワーク化することは、時間的に共通化してデータを同期できることと同時に、だれもが、どこのコンピュータからでも、たくさんの観測データを、瞬時に調べて解析できるという非常に大きな有利さがある。この結果、震源などの精度は格段に良くなった。こうして波の形が伝わる途中の地殻によって変化しているのか、それとも地震断層のすべりの動き方によるものなのかも解読できるようになった。

実際に、たとえば、十勝沖地震、宮城県沖地震、最近では新潟県中越沖地震などで、「割れ目」つまり断層のすべり運動が一様でなく、ところどころ引っ掛かってすべった様子が見てとれたのである。

そのような引っ掛かったところが地震断層の面にあることは何を示しているだろうか。そのまわりの部分のすべりはいったいどうなっているのか。どんどん新しい疑問が沸いてくる（図2‒8）。

これより少し前、新しい地震計ネットワークシステムは、アスペリティという地震学における発見をもたらしていた。アスペリティとは、地震が発生した場合にもっとも大きなエネルギーを放出したところと定義される。巨大地震が発生するプレート境界、すなわち南海トラフでは一〇〜三〇㎞、日本海溝では六〇㎞程度の深さまでの領域は、プレートの間で固着（ロック）している部分（アスペリティ）と、固着していない部分（スリップゾーン）に分けられるということだ。南海トラフや日本海溝では、プレートは年間数㎝から一〇㎝規模の速度で沈み込んでいることから、固着部分ではある程度沈み込みによる歪みが蓄積されるとそれを解放することになる。これが巨大地震を起こす仕組みだ。

この固着部分と反射法地震探査で見えた反射が大きい領域とは、どういう関係なのだろうか。両方の図を重ねて見ると、固着している部分は反射が弱く、反対にすべっている領域では反射能が大きい領域と重なった。その事実を水とつなげてみよう。水が集まっている領域は固着していない、つまり摩擦が大変小さい。一方、水がない部分は固着していて、アスペリティとなっていると考えられるのである。

さらに、今まではマグニチュード（M）六以上の地震が、固着している部分で発生するということがわかっていたのだが、それ以下のM五〜三の中規模の地震も、発生するところは繰り返し起こっていることが確かめられた。似たような揺れ方の地震なので相似地震、あるいは繰り返し同じところで

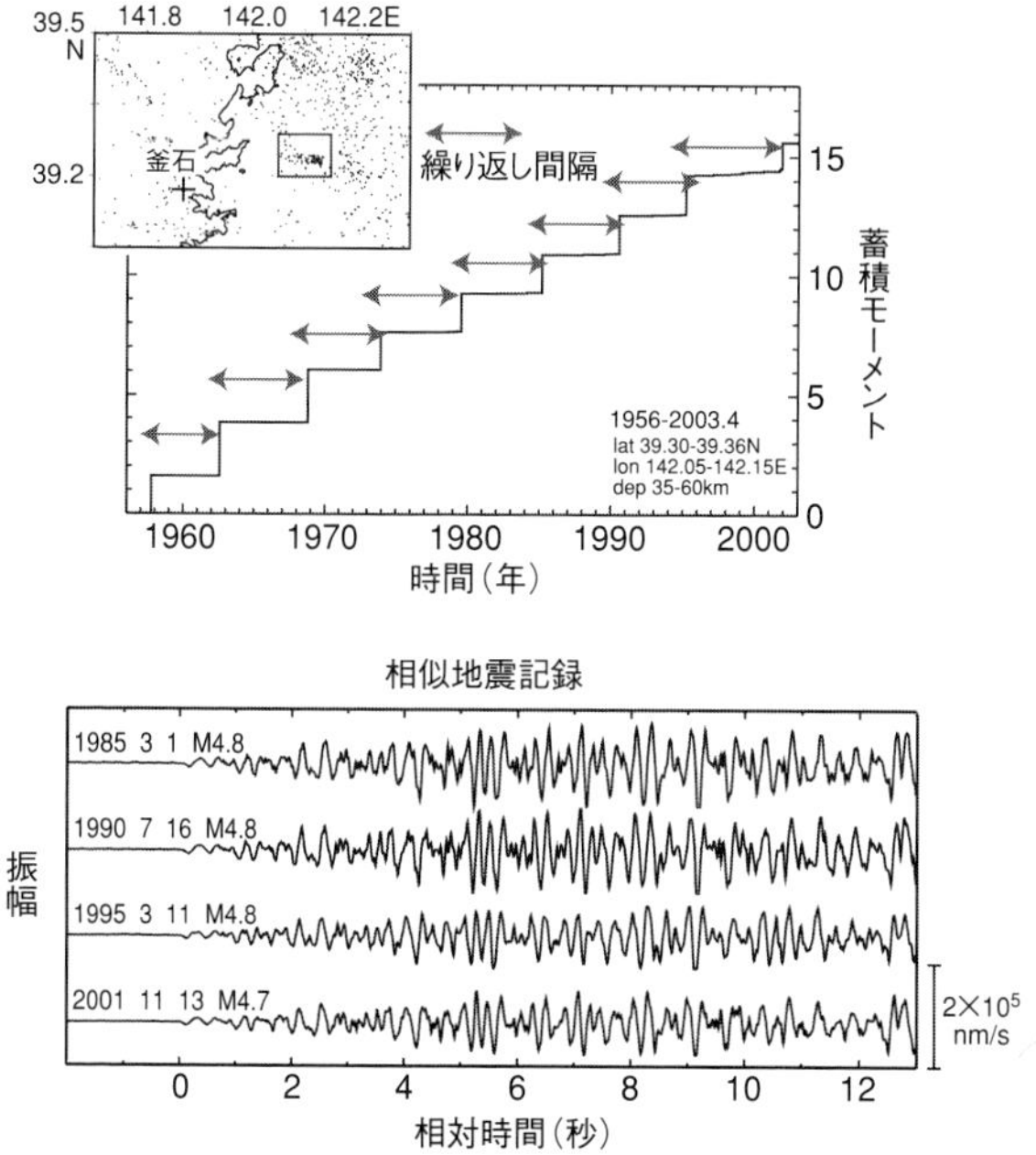

図 2-9　釜石沖で得られた相似地震の繰り返し間隔と地震波形
（Uchida *et al.*, 2005）

起こるので繰り返し地震ともいう。この地震を詳しく調べることは、地震が発生する仕組みやプレートの沈み込みに伴う地震のエネルギー蓄積量を評価する上で重要である（図2－9）。

ところでマグニチュード（M）は、断層面の大きさでほとんど決まる。概ねM五なら一〇km×一〇km、M八なら一〇〇km×一〇〇kmという具合である。そこで、M三からM八までの地震群が起こる特定の場所があるとする。それがいろいろな時刻にばらばらと割れるならば、遠く離れたところの場所、たとえば東京では乱雑に地震の揺れが感じられることになる。しか

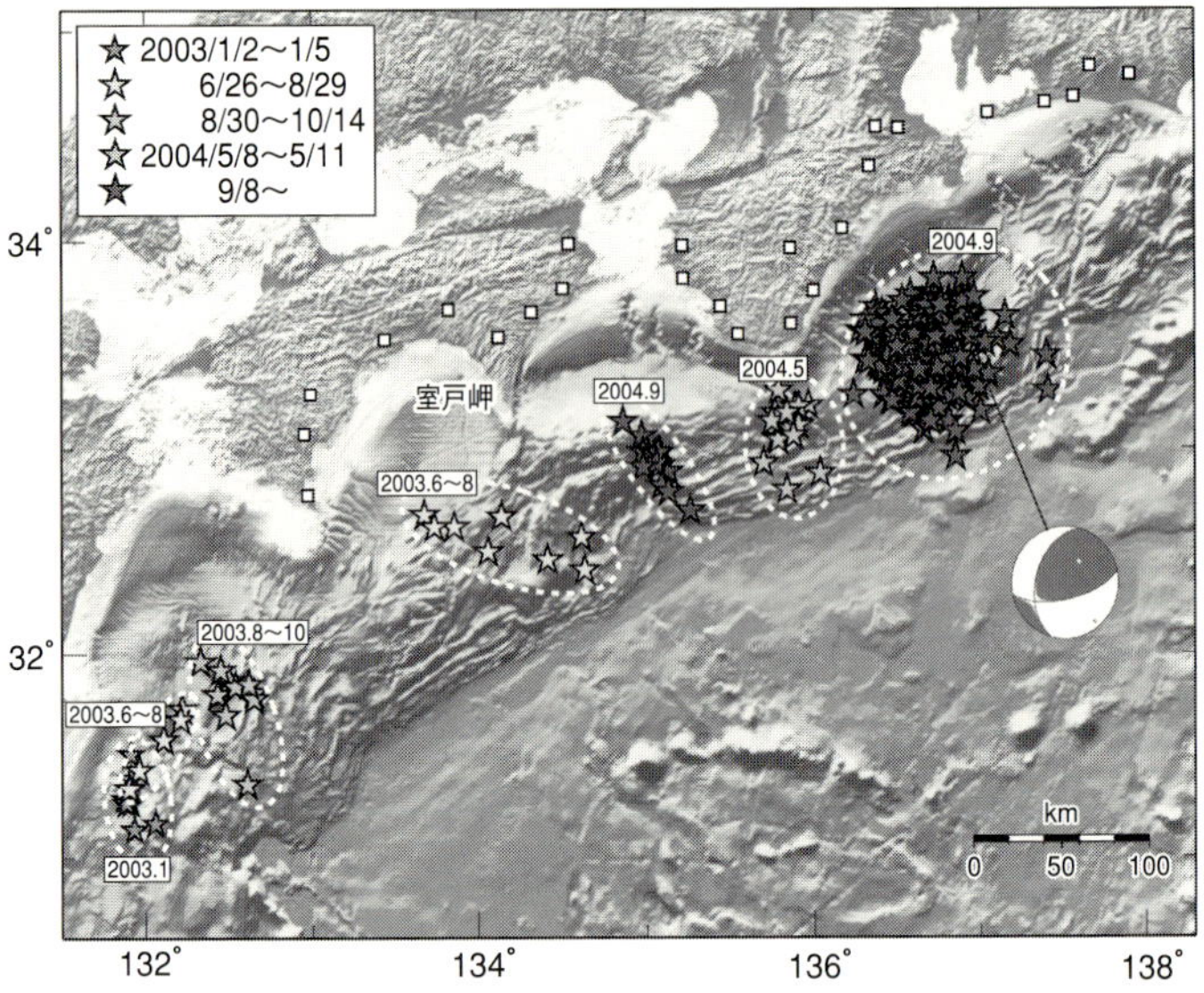

図 2-10　南海トラフで観測された低周波微動（Obara & Ito, 2005）

し、それぞれの地震の起こるアスペリティが大体において同じ場所で、周期的に壊れるなら、東京で感じる地震の時系列には何かしらパターンがあってもよさそうなものだが、今のところそれらしい規則性は見当たらない。もし規則性が発見されたならば、地震を起こす場所の特性や、地震の起こり方の「癖」を理解することができる。最近の研究で、日本海溝の釜石沖において、およそ五年の間隔をもってプレート境界のほぼ同じ場所で繰り返し起こる地震が明らかにされているが（図2-9）、このような地震の起こり方を詳しく調べることが「癖」の理解にとって重要なのだ。この問題は、プレート境界や内陸の長くつながった地震断層のどこで破壊するか、モデルを作る上でどうしても必要な情報なのである。

最近興味深い現象があいついで見つかった。それは「低周波微動」と「ゆっくり地震」と呼ばれるもので、プレート境界の固着部分であるアスペリティ以外の部分で見つかったのである。低周波微動というのは、普通の地震よりゆっくりと長い時間ブルブル揺れているような地震群で、震源から少し離れるとすぐ感じられなくなるような特徴的な地震である。もともと一九五〇年代にハワイの火山噴火の直前に見つけられて、マグマが「割れ目」を流れる音ということがわかり、噴火の前兆として調べられた。しかし、南海トラフの地下ではマグマができないくらい低い温度領域で微動があり、むしろ水が主役ではないかということで注目を浴びた。しかも日本だけでなくアメリカ西海岸のバンクーバー島あたりでも微動が観測され、その発生が、地殻が急に縮まるときと一致していたのだ。

最近では、低周波微動はゆっくり地震と連動しているとされている。ゆっくり地震は普通の地震より揺れの周期がずいぶんと長い地震で、数カ月に及ぶものもある。もちろんそうした長周期の地震は、GPSのような衛星による方法を用いて、位置の変化を測ってはじめて見出されたのだ。長周期の地震はスリップゾーン、つまり固着していない領域のずれ運動と同じような動きではないのか。しかし、この問題には現在のところ明解な答えがない（図2–10）。

（4）海底観測ネットワークシステム——地下世界のテレスコープ計画

陸上に張り巡らした高精度のデジタル地震計と反射法・屈折法地震探査による観測が、驚くべき事実を示したことを述べてきた。日本海溝沿いのプレート境界の巨大地震は起こる場所がほぼ同じであること、その隣にはずるずると地震を起こさずすべっている領域があること、そして前者には水があまり含まれていないが、後者は水を含んだ境界層となっていること、などである。大きななぞの一つは、同じ太平洋プレートが同じように沈み込んでいるプレート境界で、三〇～五〇㎞ぐらいの間隔で地震を起こすアスペリティと、常にすべっていて地震を起こさないスリップゾーンに分かれるのはなぜかということである。そして、それが水を含むか含まないかということが原因であるとするなら、水を含んだり含まなかったりするのはなぜか、水を含むとすべり含まないと地震を起こすのはどうしてか、ということが大いなる疑問である。

さらに、アスペリティというのがいろいろな大きさをもって散らばっていて、その場所が固定されているのも不思議である。水が周囲のスリップゾーンにあったら、そこから小さなアスペリティに流れていってしまうだろうし、そうであるなら、アスペリティはすぐ変化してスリップゾーンになるはずだ。また、そんなふうに穴が開くように水が溜まるところがプレート境界にあるというのも、物(岩石)が同じで温度や圧力も履歴も同じであれば、理由がないのである。

もう一つの重要な疑問は、たとえば静岡県西部の地下から紀伊半島沖、そして日向灘から宮崎沖にかけて、スリップゾーンと通常の地震、ゆっくり地震、低周波微動が、場所を住み分けるようにして起こっていることである。その間にはどのような関係があるのか。最近の研究では、ゆっくり地震と微動とは、継続時間と地震のマグニチュード、つまりエネルギーとの関係では相似していることがわかった。そうであるなら、普通の地震とそれらとは同期しているのか、それともまったく無関係に起こるのか。場所がほとんど隣り合っていて、しかもどちらもずれ運動なのであるから、時間的ずれがあろうとも同期しているに違いない。つまりプレート境界の地震活動を理解するためには、これらの地震群がどのように同期しているか、またそのずれ（位相ずれ）がどうであるかを調べることが重要なのである。

南海トラフ沿いのプレート境界は、日本海溝沿いの境界とは違って、温度が高いことがわかっている。日本海溝沿いでは境界は深さ五〇㎞でも一五〇℃程度であるが、南海トラフでは深さ四〇㎞で四五〇℃程度となる。これほど違うと、プレート境界の中にある鉱物はずいぶんと違う。そのため摩擦の大きさも大きく違っていても良さそうなものである。しかし、いずれの場所でも巨大地震が同じように起こる。しかし小さい規模の地震を見る限り、日本海溝より南海トラフの方が、その頻度がたいへん小さい。小さい地震によるエネルギーの放出以外に何か別の動きによるエネルギーの放出がありそうだが、見えていないだけのようである。エネルギーの由来は、海洋プレートが海溝から斜めに沈み込んでいるために、日本列島にたまってゆく歪みのエネルギーである。日本列島が同じような地殻としても、沈んでゆくプレートと日本列島の下の地殻とマントルとのつながり方、つまり摩擦が少なければ、日本列島の歪みエネルギーは少なくてすむ。そうであるならば、小さい地震が少ないことが高い温度のプレート境界であることとうまい具合に合う。なぜなら温度が高くなると柔らかくなり、粘性的にエネルギーが消費されてしまうからだ。その予想が正しいなら、南海トラフ沿いには東北日本とは違ったゆっくり型の地震や地殻の動きが多いのではなかろうか。

たしかに、静岡浜名湖の地下などにプレート境界でゆっくりすべる領域が見られることは、その予想と一致している。そして、低周波微動もゆっくり地震と仲間であるという最近の話題も、微動が西南日本に限られていることから確かに予想に適合している（図2-10）。そして、高い温度のプレート境界の典型であるバンクーバー沖でも低周波微動、つまりゆっくり地震が卓越していたのだ。

さて、低周波地震やゆっくり地震では、起こったところから離れていると揺れが感じられない。震源に近いところに精度のよい、しかもゆっくりした揺れもとらえられる地震計を設置しないと観測できないのだ。ところが普通の地震計では一〇秒に一回揺れるぐらいの周期より長い地震の波はとらえられない。それより長い周期の揺れは傾斜計やＧＰＳが必要となる。いずれも陸上なら使えるが、ほとんどの境界型巨大地震は海底下で起こっている。海の底でも使えるような揺れを計れる仕掛けとして、水圧計という海底に置いた気圧計のようなものがある。海底面が上がったり下がったりすれば、水深が下がったり上がったりするので、それを計ろうという計器である。精度を上げれば確かに計れるのだが、地球には潮汐があり、また海の波も時々刻々変化しているため、このような動きも水圧計に現れる。そのようなノイズの中から海底の動きを拾い出さねばならない。幸い、それらは同時にいろいろな地域で計っていれば、うまくノイズをキャンセルできそうだ。このように海底の動きだけを拾うには、たくさんの水圧計を海底に並べ、それを同期させるためにケーブルでつなぎ、ネットワークを作る必要がある（図2-11）。

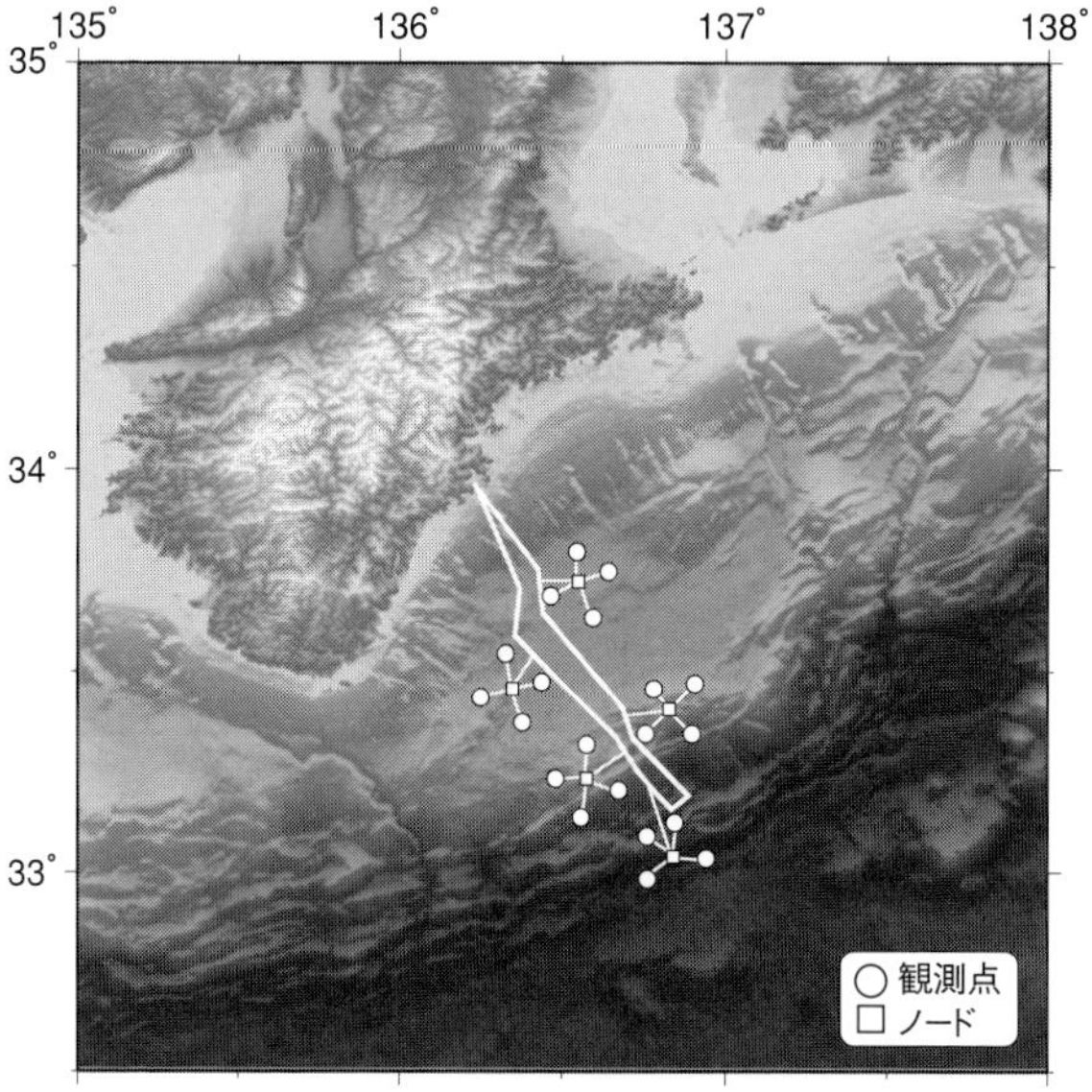

図 2-11　紀伊半島沖地震・津波監視システム（DONET）
海底ケーブルで接続された 20 点の観測点に地震計・水圧計を設置し，地震活動や海底地殻変動をモニタリングする．地震や津波の早期検知にも有効なシステムである．

ゆっくり地震にも、津波を引き起こすほど周期の短いものや、海底面が変形しても、その動きが非常にゆっくりなら、海水面は水平に保たれるので、津波が起こらないものもある。こうしたあまり人間に影響を及ぼさない地震が、プレート境界型巨大地震とどのような時間的順序関係にあるのか、同期しているのか、それとも無関係なのかが、プレート境界の動き方や巨大地震のメカニズムを知る上で必須なのである。たとえば、プレート境界面の動きが、いろいろな速さと規模の動きの合わさったものであり、巨大な破壊つまり巨大地震が、それらの中小の速いすべりが同期して起こったとすると、その背景のゆっくりしたすべりもまた同期して起こるに違いない。すると人間には感じられないすべり運動が感知できれば、予測につながるし、巨大地震の起こるメカニズムに違った側面から近づける。

これらのことがらを精度よく観測するには、プレート境界面に近い地点に多数の測定器を置き、それらを連結し同期して、いろいろな波長の揺れや水圧を、連続的にしかも長期にわたって記録することが必要である。そしてこれら一連のデータをリアルタイムで監視することが重要だ。そうした点で都合のよい場所の一つが、紀伊半島沖の熊野灘の海底である。この海底の下は、再来が危惧されている東南海地震の震源域であり、地震発生時に破壊を伝えた可能性がある分岐断層が分布し、低周波微動などがしばしば発生している場所である。次の南海トラフの巨大地震の際、破壊開始域の可能性の高い海域である。

この紀伊半島沖熊野灘では、二〇〇七年秋より地球深部探査船「ちきゅう」による大深度の海底掘削（NanTroSEIZE 計画）が行われており、分岐断層を掘削して得られた岩石試料を分析することで、「地震の巣」の素性や、地震の際の岩石の破壊の仕組みなどが明らかにされるであろう。この「地震の巣」の掘削は世界初の画期的な研究であり、その場所の素性を明らかにするだけでなく、掘削坑に設置した地震計や歪み計のような坑内観測計器によって、震源域近傍でのいろいろな現象をとらえることが期待されている。さらにこれらの坑内計測器と海底の観測ネットワークとを結合することで、進行している地殻の活動を広域・稠密かつ空間的にリアルタイムモニターすることが可能となる。

現在紀伊半島沖で構築中の海底観測ネットワークは、複数タイプの地震計や高精度な水圧計をケー

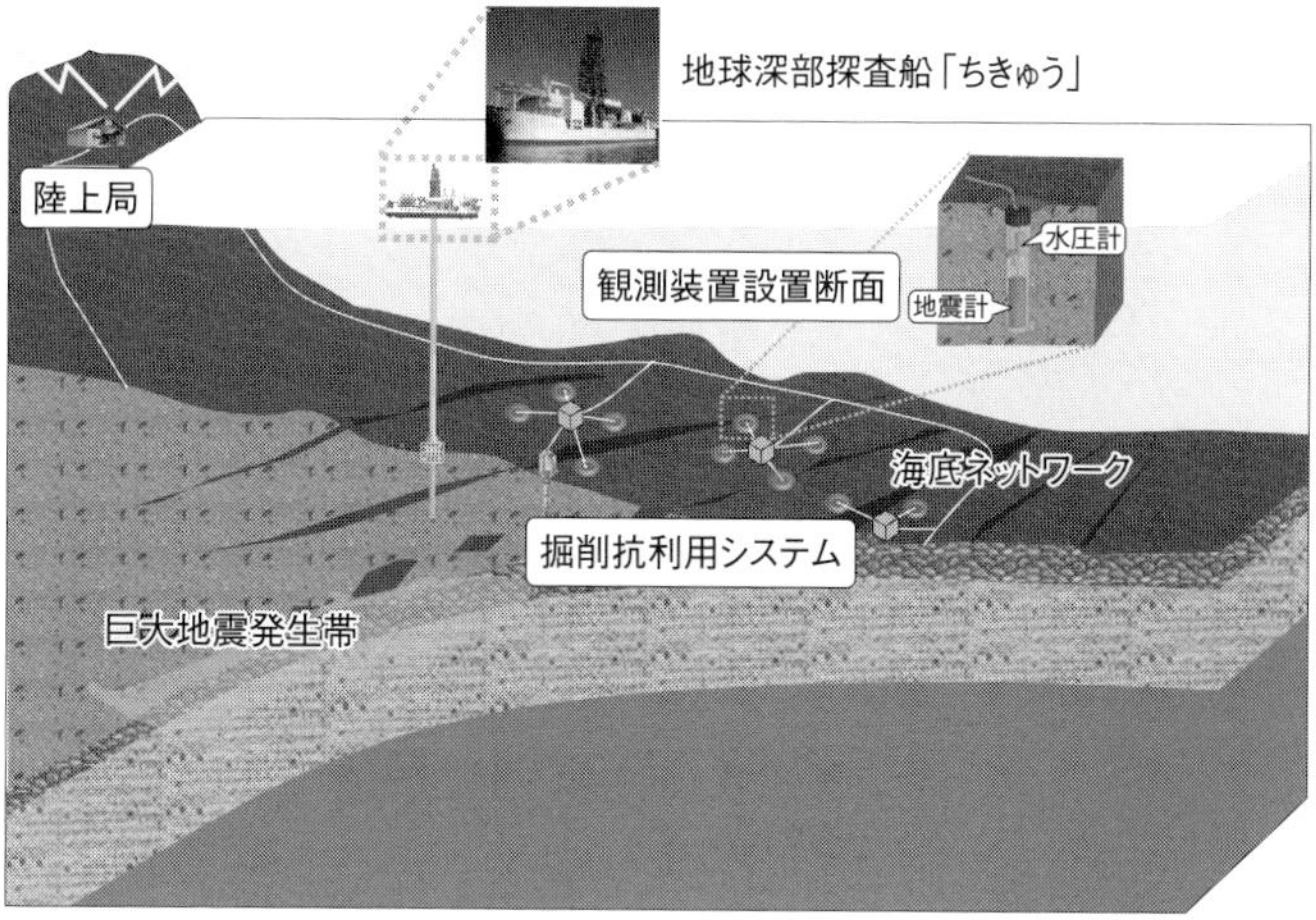

図 2-12　紀伊半島沖地震・津波監視システム（DONET）と地球深部探査船「ちきゅう」

ブルでつないで、リアルタイムで海底下の地殻活動を監視するシステムである。今後三〇年以内の発生確率が六〇〜七〇％とされる東南海地震の備えとして、この海底での長期期間の観測は非常に重要である。そこで、この海底観測ネットワークでは、地震計や水圧計といった観測機器を基幹ケーブルに内蔵せずに、分岐装置を介して広域稠密に展開することが特徴である。さらに観測機器の障害に対する置換機能を強化することで、安定した海底長期観測が可能となる。深さ四〇〇〇m以上にもなる海底にそのような精度の高い機器を安全にかつ安定して働くように作るのは、先進的な高い技術力とそれを使うソフト力が要求される。幸い、海底ケーブルや、それと結合した海底の測定器ステーションの構築は日本のお手のものである（図2-12）。

こうしてプレート境界を監視する地球内部テレスコープ計画が実行に移されようとしている。それは

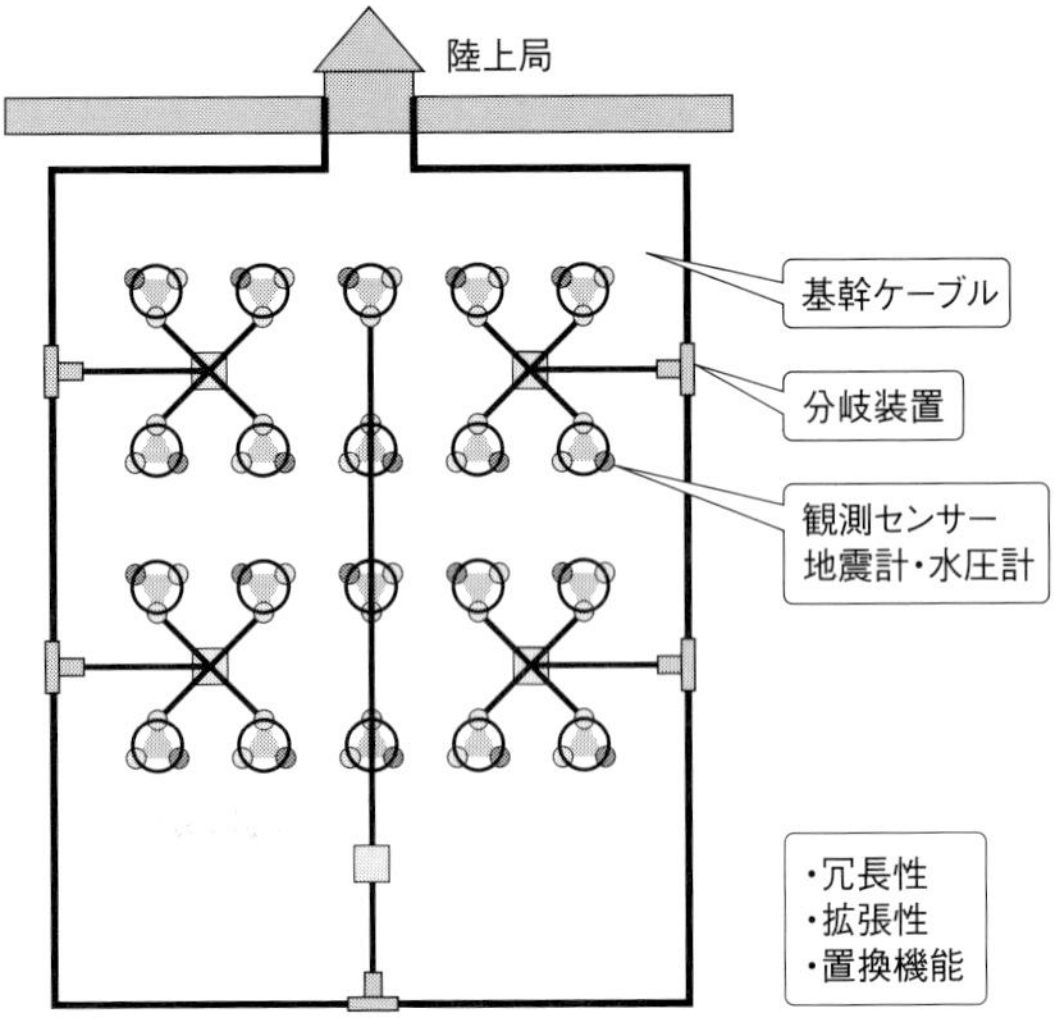

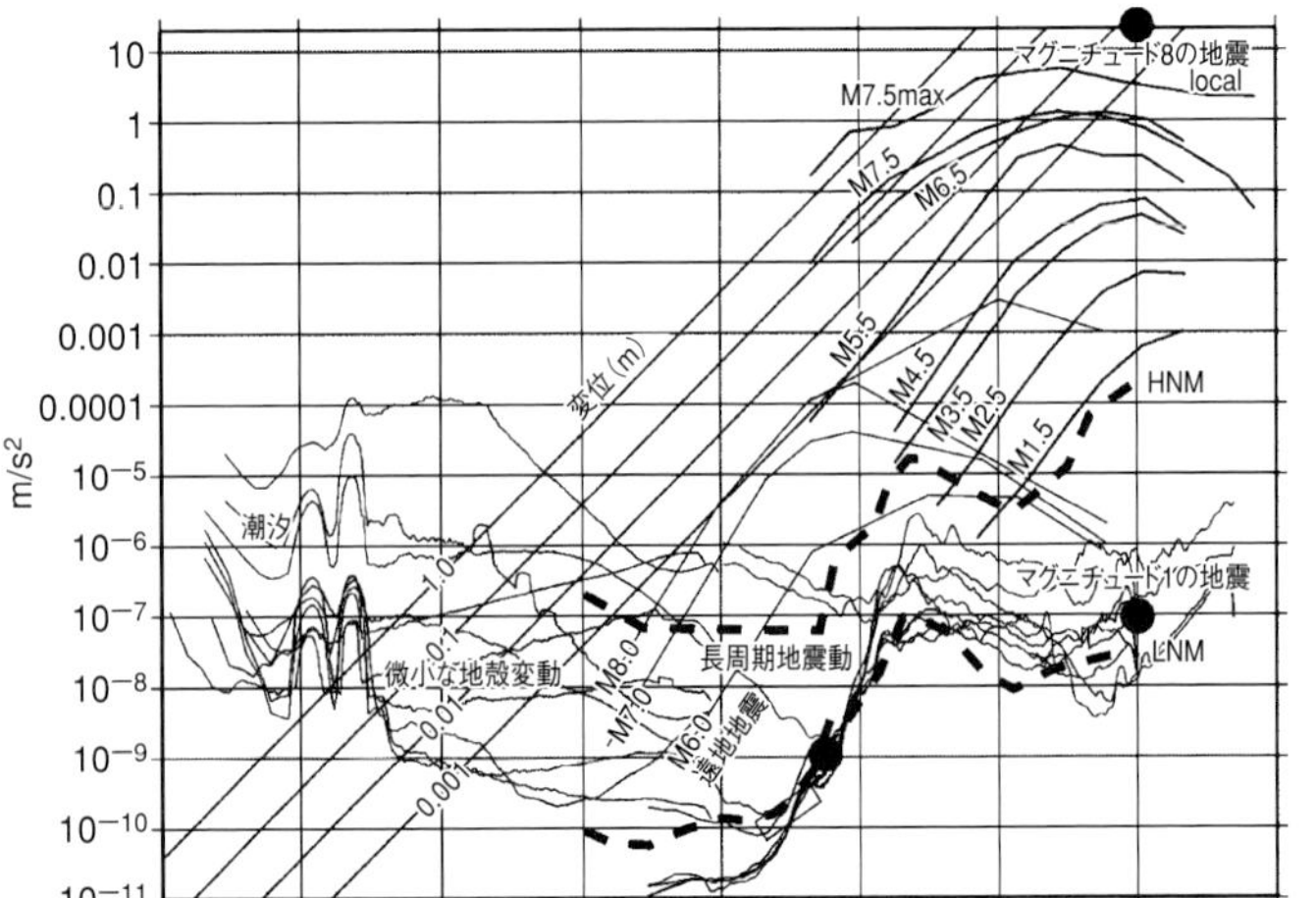

図 2-13　紀伊半島沖地震・津波監視システムのコンセプト（上）と観測対象の周波数帯（下）

HNM: High Noise Model, LNM: Low Noise Model. 陸上データに基づくノイズ評価（Peterson, 1993）

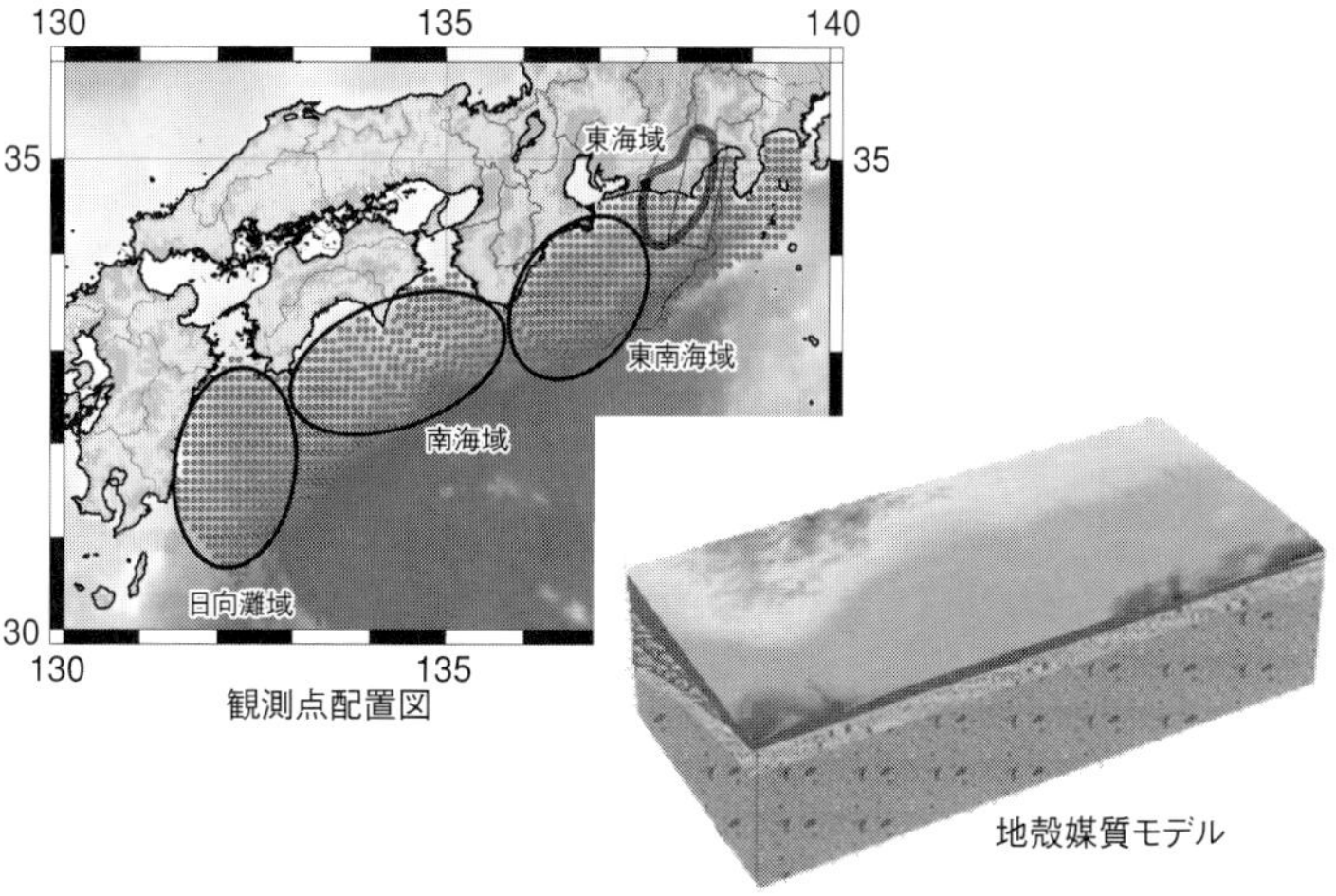

図 2-14　地殻媒質モデルとリアルタイムモニタリング
稠密な構造探査によって詳細な地殻媒質モデルを構築し，観測される地殻活動を正しく理解することが，南海トラフ巨大地震の解明にとって必要不可欠である．

一本の陸上の高速ネットワークにつないだ基幹の海底ケーブルと、それから縦横に伸びた支線ネットワークに観測ステーションをつなげ、それに孫観測機器を結合した空前の海底ネットワークシステムである。このネットワーク望遠鏡によって、数年規模のゆっくりした地震から〇・〇一秒程度までの地震の揺れを感知し、プレート境界で起こる破壊機構を解明しようという計画（DONET、海底地震・津波監視システム）である（図2–12、2–13）。

　この海底観測ネットワークでは、水圧計と海底地震計、温度計などが同期して観測されている。とくに水位計と同期した地震計の測定を見ると、クラスター状に起こる地震群が水位計での揺れと同期しているケースがある。ノイズや潮汐など背景部分以外にも海底面の変位があり、地震群発生の背景変動であろうと思われる。つ

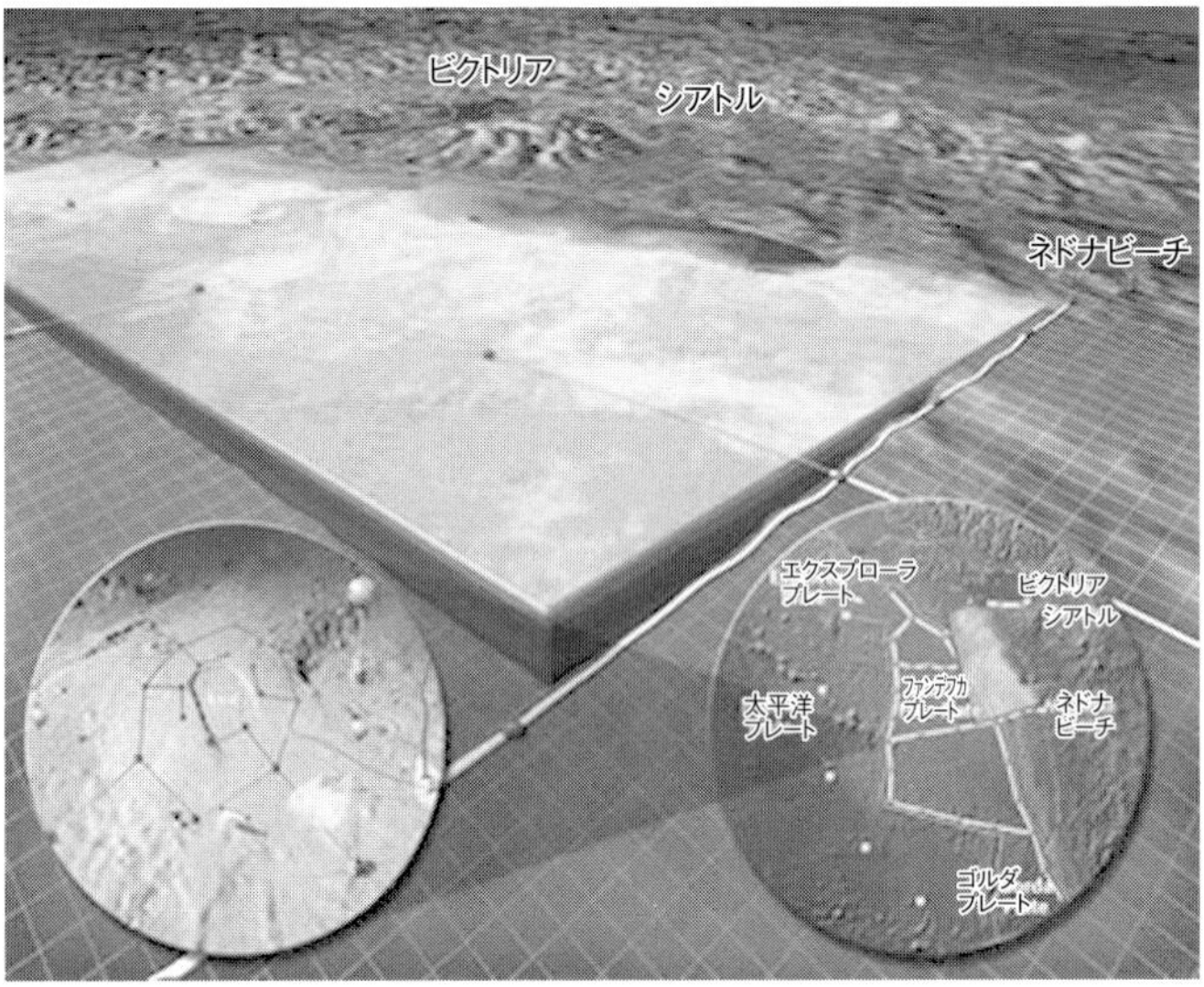

図 2-15　カナダ・北米域での海底ケーブルネットワークシステム
（http://www.neptunecanada.ca/science/index.html）
海底ケーブル式広域多目的観測システム NEPTUNE 計画．米国 ORION 計画（米国とカナダの国際共同プロジェクト）において開発予定．

まり、地震群が始まる前に、すでにより大きな周期の変形が始まっている可能性があるのだ。

こうした波長や周期が大きく違う地震の波や、もっとずっと長い時間がかかって変形する地殻変動は、以前指摘されたことがある（Mogi, 1969）。沖縄から北九州までの地震活動を調べてみたところ、一九五四年から一九六八年のほぼ一五年をかけて、沖縄から北九州へと地震活動が移動したことがわかった。いずれもフィリピン海プレートとユーラシアプレートの沈み込み境界面の地震群なので、プレート境界がゆっくり順番に北に向かって割れていったと思える。その移動速度は平均二〇km／年と見積られる。一般的な地震活動の移動速度は数km／年から一〇〇km規模／年と幅があるので、この移動速度約二〇km／年が速いのか遅いのかはわからない。

一方、地殻活動を正確に評価するためには、海底ネットワークによるモニタリングと、その地殻構造の性状を精緻に把握することが不可欠である。南海トラフ域においても精緻な地殻構造を把握するための調査観測が計画されている（図2-14）。この調査観測研究成果は、地殻構造の性状を表現する地殻媒質モデルの構築に活用される。

海底ネットワークシステムでは、海底ケーブルを用いた観測システムは、これまでもいくつか例がある。沖縄とグアムをつなぐ海底ケーブルの場合には、水圧計と地震計をケーブルを通して中継ステーションにつなげ、波長の長い波を観測した。この海底ケーブルは各地に張り巡らした陸上と海底地震計がないところを補強したことになる。今後はこれまでの観測ネットワーク、とりわけ地球変動の最も大きな要因である海洋の海底観測ネットワークの構築がその規模を拡大し、国内外において急速に展開されることになるのである。

海外でも海底ネットワーク観測計画がいくつも進められている。アメリカとカナダではすでにORION計画の一貫としてNEPTUNE計画を立ち上げ、北米西海岸沿岸域で海底ネットワークシステムの構築が進められている（図2-15）。そのシステムでは、地震計や水圧計だけでなく、海流や海水の成分、温度なども測定して、海洋の総合的な観測を行うというものだ。ヨーロッパではESONETのプロジェクトが立ち上がり、フランス、ドイツ、イタリアを中心として海底観測ネットワークを構築中である。また、台湾や韓国でも海底ネットワーク構築が計画、実施中だ。

(5) さらなる地球内部テレスコープに向けて

地球の中を知るにはまだほかの方法もある。電圧をかけて電気がどのくらい流れるかを調べる電気探査、水素やヘリウム、アルゴン、ラドンなどのガス成分の変化を地下水から見る方法、GPSや長い管を使った傾斜計などを用いて地殻の傾斜を調べる方法などである。いずれも地球の中を内部の岩石が持つ性質から見た世界である。

さて、そのような方法で見る地球の中はいろいろに見える。たとえば電気探査で見ると、岩石の電気抵抗の大小が見えるので、地震波とは違った世界である。抵抗が小さいのは電子やイオンが自由に移動できる場合で、逆に抵抗が大きいのは電子がほとんど動けない場合となる。岩石は大抵セラミックスなので、むしろ絶縁体である。そこで地殻やマントルでは普通抵抗は大変大きいのであるが、部分的に抵抗が大変小さくなることがある。金属がそこに埋まっているわけではなく、電気を通しやすい水が岩石に含まれているために、電気抵抗が小さくなっている。たしかに水は抵抗が小さい。そのため大雨で雷がよく落ちるのだ。

岩石が水分のある環境で割れると、水素などを放出する。地殻では水素のほか、アルゴンやラドンなども放出するといわれている。そのメカニズムは必ずしも明瞭となっているわけではないが、新し

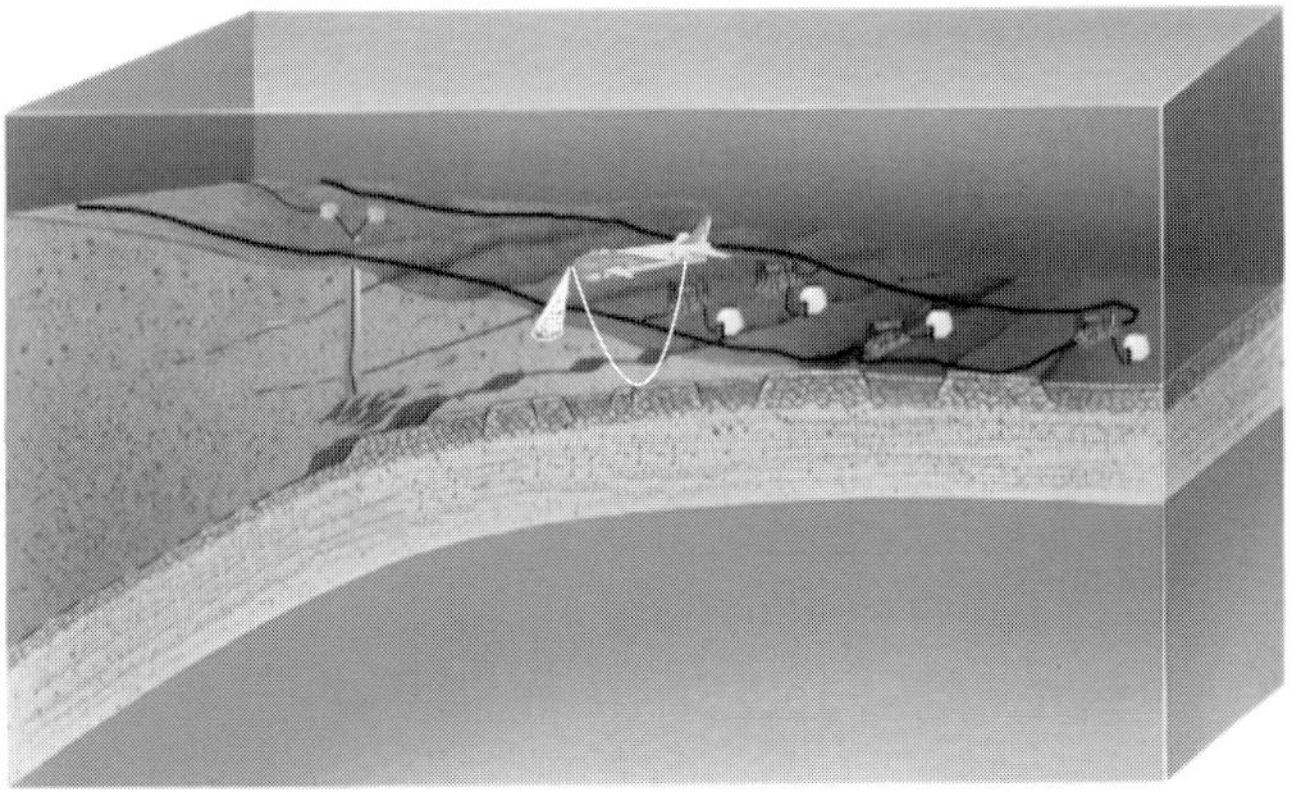

図2-16　海底SAR（Synthetic Aperture Radar）
人工衛星によるSARと同様に，無人探査機とソナーを用いて海底地殻変動を捉える新技術.

い割れ目ができるときにSiとOとの結合が切れて、その部分に水が反応した結果水素が出てくるという説明がなされる。そこで小さな割れ目がたくさん作られ、多くの表面ができればできるほどたくさんの水素が発生する。しかし、この過程ではラドンなどは発生しない。ラドンはウランなどの放射性元素が分解するときにできるもので、花崗岩などの岩石中に閉じ込められている。微小な割れ目がたくさんできて、閉じ込められていた気体が割れ目から流出して、感知されたのだろう。

火山は噴火する前には、地下数kmにあるマグマ溜りが少し大きくなるらしい。このマグマ溜りからマグマが吹き出してくるのだ。そこで火山が噴火する前にはマグマ溜りにマントルから上がってくるマグマが次第に溜ってゆく。そのため精密に火山の高さを測定していると、高くなったり低くなったりするのが観測される。火山体がどのように膨らむかあるいは縮むかをと

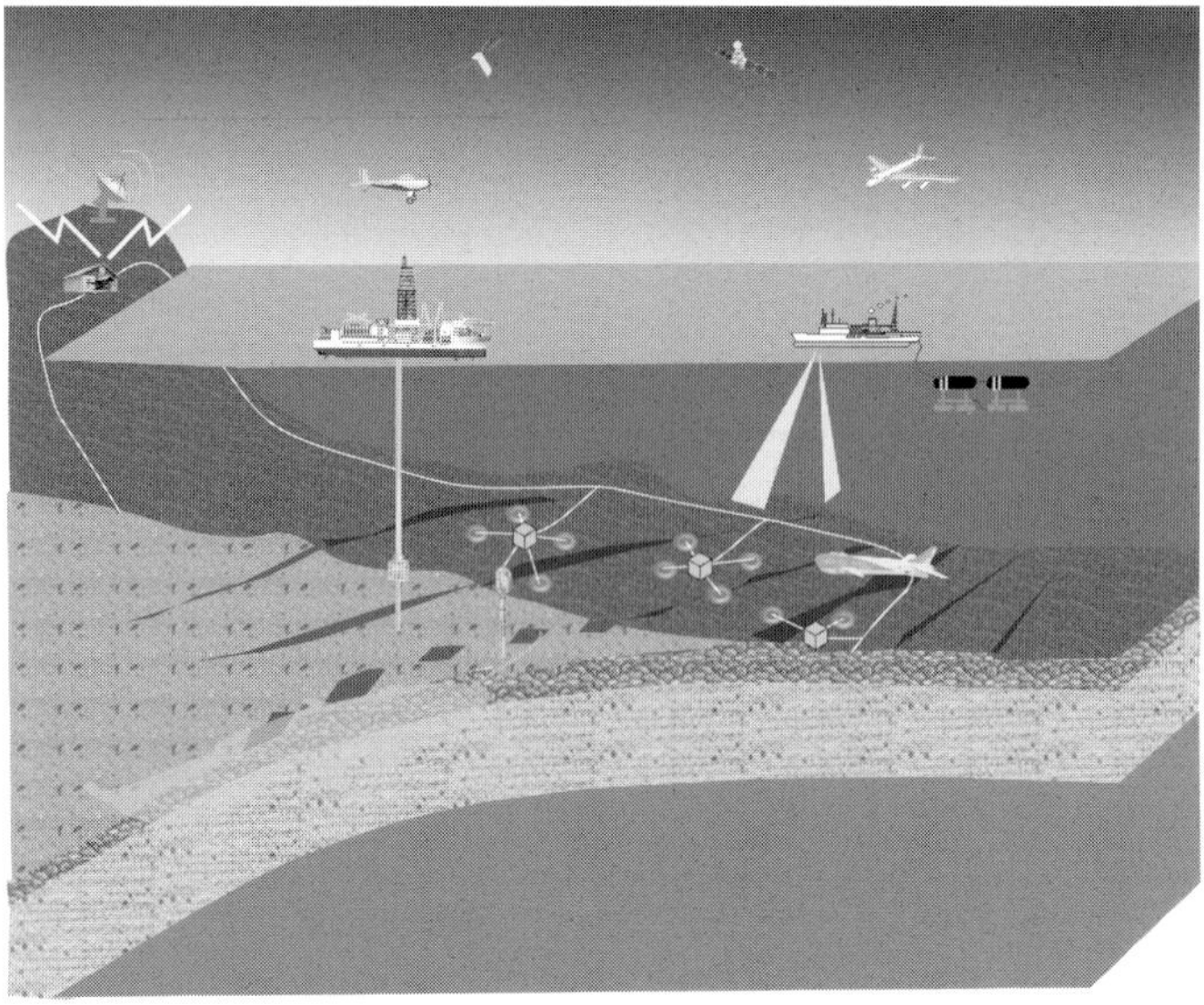

図 2-17　大気海洋・固体地球統合観測システム

らえるのに、衛星や飛行機からレーダーを使って時間差をおいて地形を計る方法がとられる。この地形データの差を取ると、ほんのわずかな位置の変化、つまり高さ変化と水平変化を広い範囲にわたって一気に見ることができる。これを海底で行い海底の地殻変動を調べる新たな方法が、海底合成開口レーダー（海底SAR）と呼ばれるもので（図2-16）、今後開発すべき重要な海底観測技術の一つである。

　こうしたいろいろな観測法が有機的につながって、地球の中のそれぞれ違うイメージがうまく総合されると、地球内部の驚異的な世界が見えてくる。そしてさらに地球深部、たとえばコアやマントルの奥深いところで、プルームが立ちのぼり、プレートが最終的に落ち込んでいるところのイメージをつかむには、地球規模に配列した精密な観測ネットワークシステムを作りあげることが大事である。すでに地球上には国を超えて地震計のネットワークが活用されていて、地球の内部のより細かな姿が見えてきている。しかし、何が起こっているのかという肝心のところは、グローバルに見るだけでは読み取るのはむずかしい。マントルの奥深いところでも、細かい様子や時間的な変化が見えるような地底望遠鏡がほしいのである。深部を伝わる地震波を集めて深部の情報を解析し、その部分の微細な構造を見えるようにすることが必要なのだ。こうした地球内部テレスコープシステムによって、下部マントルの不均質な姿が何を意味するのかを探れるようになる。地球のような一つの惑星の中で、実にいろいろな複雑な現象が起こっていることが、そして、それは複雑な内部の構造に支配されていることがだんだんと見えてくるのだろう。

さらに地球を理解する上で、地球内部だけでなく大気海洋との相互作用も含めて調べることが必要である。そのためには統合化した観測システムが非常に重要となるであろう（図2–17）。つまり地球システムをモニターするテレスコープの構築が必要なのだ。

引用文献

Kodaira, S., Takahashi, N., Nakanishi, A., Miura, S. and Kaneda, Y. (2000) Subducted seamount imaged in the rupture zone of the 1946 Nankaido Earthquake. *Science*, **289**, 104–106.

Kodaira, S., Nakanishi, A., Park, J. -O., Ito, A., Tsuru, T. and Kaneda, Y. (2003) Cyclic ridge subduction at an inter-plate locked zone off central Japan. *Geophys. Res. Lett.*, **30**, 1339, doi:10.1029/2002GL016595.

Kodaira, S., Iidaka, T., Kato, A., Park, J. -O., Iwasaki, T. and Kaneda, Y. (2004) High pore fluid pressure may cause silent slip in the Nankai Trough. *Science*, **304**, 1295–1298.

Mogi, K. (1969) Migration of seismic activity. *Bull. Earthq. Res. Inst.*, **47**, 53–74.

Moore, G. F., Bangs, N. L., Taira, A., Kuramoto, S., Pangborn, E. and Tobin, H. J. (2007) Three-dimensional splay fault geometry and implications for tsunami generation. *Science*, **318**, 1128–1131.

Obara, K. and Ito, Y. (2005) Very low frequency earthquakes excited by the 2004 off the Kii peninsula earthquakes: A dynamic deformation process in the large accretionary prism. *Earth Planets Space*, **57**, 321–326.

Okada, T., Yaginuma, T., Umino, N., Kono, T., Matsuzawa, T., Kita, S. and Hasegawa, A. (2005) The 2005 M7.2 MIYAGI-OKI earthquake, NE Japan: Possible rerupturing of one of asperities that caused the previous M7.4 earthquake. *Geophys. Res. Lett.*, **32**, L24302.

Park, J. -O., Tsuru, T., Kodaira, S., Cummins, P. R. and Kaneda, Y. (2002) Splay fault branching along the Nankai subduction zone. *Science*, **297**, 1157–1160.

Peterson, J. (1993) Observations and modeling of seismic background noise. Open-File Report 93-322, U. S. Department of Interior Geological Survey.

Seno, T., Shimazaki, K., Somerville, P., Sudo, K. and Eguchi, T. (1980) Rupture process of the Miyagi-oki, Japan, Earthquake of June 12, 1978. *Phys. Earth Planet. Inter.*, **23**, 39–61.

Tsuru, T., Park, J. O., Takahashi, N., Kodaira, S., Kido, Y., Kaneda, Y. and Kono, Y. (2000) Tectonic features of the Japan Trench convergent margin off Sanriku, northeastern Japan, revealed by multichannel seismic reflection data. *J. Geophys. Res.*, **105**, 16403–16413.

Tsuru, T., Park, J. -O., Kido, Y., Ito, A., Kaneda, Y., Yamada, T., Shinohara, M. and Kanazawa, T. (2005) Did expanded porous patches guide rupture propagation in 2003 Tokachi-oki earthquake? *Geophys. Res. Lett.*, **32**, L20310, doi: 10.1029/2005GL023753.

Uchida, N., Matsuzawa, T., Hasegawa, A. and Igarashi, T. (2005) Recurrence intervals of characteristic M4.8+/−0.1

earthquakes off Kamaishi, NE Japan—Comparison with creep rate estimated from small repeating earthquake data. *Earth Planet. Sci. Lett.*, **233**, 155–165.

Yamanaka, Y. and Kikuchi, M. (2004) Asperity map along the subduction zone in northeastern Japan inferred from regional seismic data. *J. Geophys. Res.*, **109**, B07307, doi:10.1029/2003JB002683.

第3章

自然の複雑な営みをシミュレーションする

連結階層シミュレーション

佐藤哲也

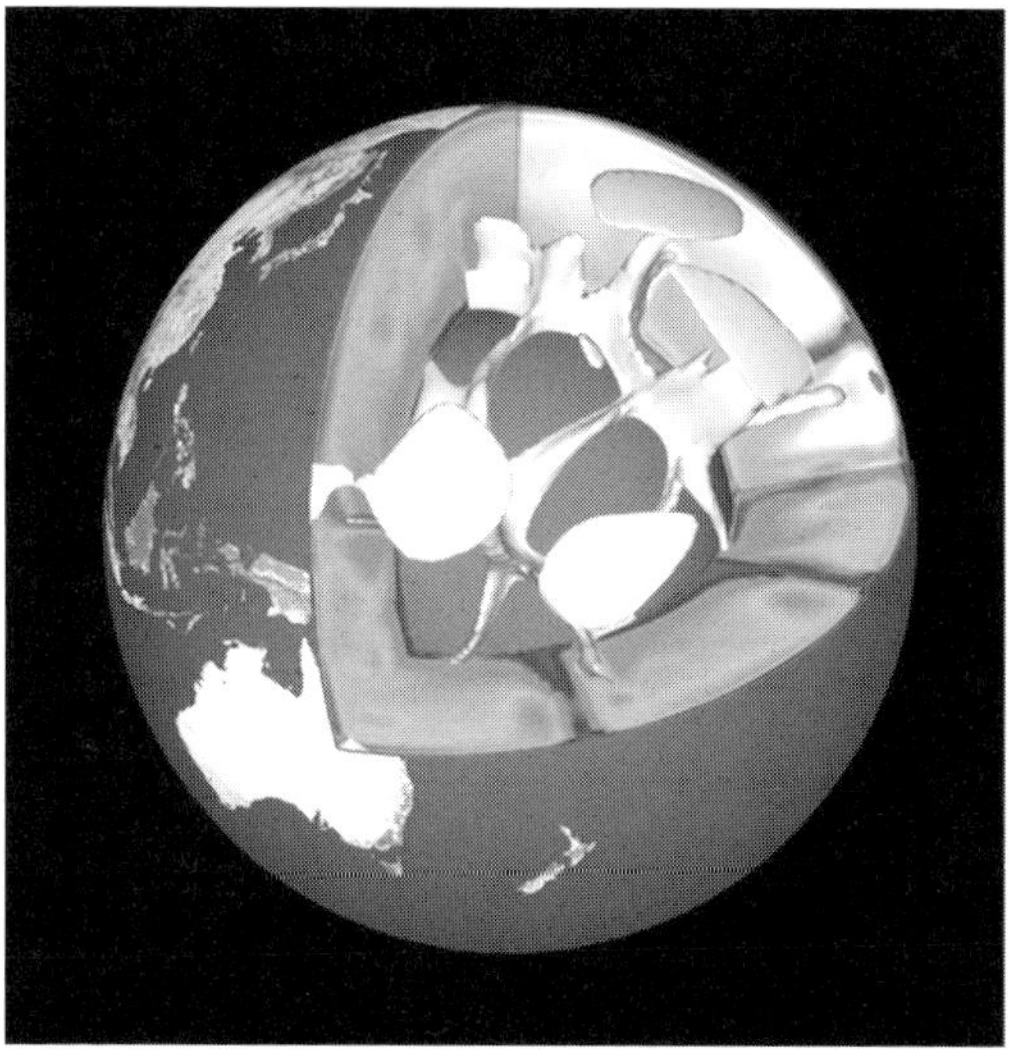

マントルの対流パターンのシミュレーション画像（JAMSTEC 地球シミュレータセンター陰山グループ・荒木グループ提供）

本書のキーワードは「シミュレーション」である。そこで、シミュレーションとは何か、ということを最初に簡単にお話しする。

「シミュレーション」とは、その振る舞いを知りたいと思う現実のシステムの振る舞いをバーチャルな装置を用いて再現することと定義する。本章におけるシミュレーションは、バーチャル装置としてコンピュータを用いる。そしてまず、①システムの振る舞いを記述する自己完結な法則系（方程式系）を与える。次に、②その法則系をコンピュータが理解し動作する言語に翻訳してやる（プログラミング）。そして、③システムの境界条件を規定し、初期条件を与えて、コンピュータにシステムの時々刻々の発展のデータを求めさせる。最後に、④得られた膨大な数値データを可視化（画像化・映像化）し、人が認識・理解できるようにする。

このシミュレーションを用いて地球内部変動の解析に向けてどう迫っていくのかという研究の現状と展望を本章でお話ししたい。

（1）地球内部研究の位置づけ

地球の内部は、大気や電離層や磁気圏、さらには、宇宙空間という地球を取り囲む外部系とはまったく異なる領域である。その違いは、太陽光をエネルギー源として活動している領域か、地球中心の熱源によって活動している領域か、という分け方をすることができる。別の観点からすると、人間が直接探索できる領域か、人間が直接的に触れることのできない領域かという分け方をすることもできる。

研究対象として見たとき、地球内部領域で生起する事象は直接観測をすることができないがゆえに、地震や人工地下爆破などで発生した弾性波を地表で多点観測することによって、その伝搬経路上の媒質状態を逆算し、内部構造を調べるという間接法が主体である（逆問題）。医学にたとえれば、医者が聴診器で患者の心臓の鼓動を聞き、その状態を聞き分け、X線で肺の状態を探り、CTやNMRで身体の内部の構造を探る診断法と同じである。比較的近場の地下の状態ならば、鉱脈などの発見に用いられた電気探索法を応用した診断や、地磁気擾乱の地殻の影響などの診断から、地殻の電導性媒質の分布状況を把握することができる。さらには、火山の爆発からその地下のマグマの状態の推測、過去の造山活動や太平洋と大西洋の海底の残留磁気の縞状分布からプレートの動きや度重なる地磁気の逆転など、さまざまな観測を通して、地球内部構造の骨格がかなり鮮明になりつつある。最近では、人工衛星による地上のグローバルな定常的な位置観測によって、地殻の相対運動を精密に観測することが可能になり、プレート間の摩擦応力の局所的歪みエネルギーの蓄積状況がかなりはっきりと推定できるまでになった。これによって巨大地震のエネルギー蓄積のプロセスも明らかになりつつある。

とはいえ、大気や海洋、あるいは、地球磁気圏などの地球環境系のように、生起している局所的現象の詳細な振る舞いを直接観察することはできない。そのために、構造という静的な大域的な性質を明らかにすることに、観測研究の主眼が置かれている。観測手段と観測網の精緻化とともに、観測データの中に隠されている新たな微細情報が見出され、その度に、新たな局所的な構造が浮き彫りになってくるのが地球内部研究の現状である。とくに、本書でも詳細に紹介されている日本の誇る地球深部探査船「ちきゅう」の活動は、プレート沈み込み型巨大地震のメカニズムの解明に大きな進展をもたらしてくれるものと期待できる。

地球深部は非常に高い圧力を受けており、物性物理という基礎研究の立場から見ても興味を引く対象として、実験室内での地球内部高圧物性研究というジャンルをも生み出した。その結果、観測に基づく地球内部の構造の新たな発見の検証に室内実験が行われ、逆に室内実験から得られた新たな物性現象に符合する兆候が、地球内部観測データの中に存在しないかどうかが検証されることもある。このように、現在の地球内部研究は、概ね観測・実験先導型の研究分野であると言ってよかろう。

観測主導型の研究分野であるということは、まだまだ新しい事象の発見がもたらされる可能性があり、学問分野として、体系化に向かう途上にあることを意味している。天文分野はその先陣であり、現在観測主導型から体系化の総仕上げの段階に入りつつあるといえる。体系化の総仕上げには、定量的裏づけが必要であり、シミュレーション研究主導へと移行しつつある。

一方、生命科学に目を向けると、今まさに学問としての成長期に入らんとしている。そこでは、実験・観測が研究の牽引車であり、次から次へと生命の構造と機能に関する新しい発見が続いている。

その中でも、ＤＮＡやタンパク質の実験データが大量に蓄積され、構造と機能の相関関係を明らかにする相同性解析が進み、新しいバイオ薬を創り出す創薬研究、たとえば、アルツハイマー症を抑制する薬の開発へと進んでいる。タンパク質研究の基礎は、すでに物理学において分子動力学、量子力学として定式化されており、現在ではシミュレーションが主導的研究法となっている。その実用化には、より厳密なシミュレーションが不可避となり、タンパク質の分子構造的働き（ＭＤ、molecular dynamics）だけでは本質に迫ることができないことが明らかになり、分子動力学（ＭＤ）シミュレーションに、ミクロな量子（電子）効果を組み込むアルゴリズムの開発が最大の関門となって立ちはだかっている。この意味で、タンパク質研究は、その成熟度から見て、生命科学というよりは物理研究に分類した方が妥当であるといえる。

生命科学の本流は、細胞研究や組織（tissue）研究にある。これらの研究は、続々と生まれてくる事例研究から得られた実験データの中から、その働きの普遍性を記述する理論モデルの構築へと導く基礎研究の段階にある。細胞理論モデルへの挑戦は、細胞の普遍的働きを支配する基本変数を同定することにある。すなわち、細胞の働きを普遍的に表現する基本法則を導出することが、重大なターゲットである。多くの自由パラメターを導入し、細胞の働きをパッチワーク的に表現しようとするモデルは適切な理論モデルとはいえない。提唱された洗練された少変数理論モデルに対し、その入出力応答をシミュレーションし、さまざまな状況における細胞や組織の実験データとシミュレーション結果との比較検証を行い、モデルに修正・改良を加えながら、細胞や組織の働きの本質を表現する鍵となる基本情報（細胞変数）を支配する普遍的法則、すなわち、基礎方程式を導き出そうとしているのが、細胞研究や組織研究の現状である。

地球内部研究は、その研究アプローチの状況に鑑み、ちょうど、壮年期にある天文学と青年期にある生命科学の中間に位置する段階にあると考えられる。天文学と同様、発現している現象を支配している基本物理法則系（方程式系）は、二〇世紀前半までの理論体系化によって明かされている。現在の天文学は、発見される事象の一つ一つが、それらの基本方程式系を用いたシミュレーションによって定量的に無矛盾に説明できることを実証している段階にあるといえる。生命科学におけるタンパク質研究は、この天文学と同じ状況にある。これに対し、細胞研究は、基本法則は未知の状態にあり、その基本法則体系を実験主導で見出すために鋭意研究を進めている段階にあるといえる。

地球内部研究は、人が近づくことを許さないがために、*in situ*（その場）観測ではなく、間接観測という大きな制約を受けている。したがって、未だに、内部構造すらやっと骨格が浮かび上がったばかりであり、一つの新しい画期的な観測事実によって、体系化の方向が大きく変わりうる可能性をはらんでいる。研究の方向性がふらつかないためにも、シミュレーション研究によってただちに検証し、臨機応変に研究を進めることが必要である。このように地球内部科学の進展にとって、シミュレーションは観測と相並んで欠かすことのできない研究手段として位置づけられる。

日本は地震観測研究において最大の「地の利」を得ている。とりわけ、第2章で述べられている「地球テレスコープ計画」は地球内部構造をリアルタイムにモニターするものであり、日本のシミュレーション研究にとって大きなアドバンテージである。

地球内部研究の対極にある大気・海洋研究（気候科学）の位置づけと比較してみると、地球内部研究の現状をより相対化して、その位置を知ることができる。大気・海洋の働きを支配している基本法則は、地球内部の働きの基本法則よりもはるかによくわかっている。しかも、干ばつ、集中豪雨、豪雪、台風、熱波、梅雨等は日常生活と直結しており、私たちはその振る舞い、とくに、いつ襲ってくるかという不安とつねに隣り合わせで生活している。そのような状況から、コンピュータを用いた定量的な研究はコンピュータが開発されると同時に取り入れられ、シミュレーション研究がもっとも進んだ研究分野の一つである。シミュレーションなくして、もはや研究の進展は考えられない分野となっている。別の角度から見ると、大気・海洋研究はもはや自然科学の一分野というよりも、実用的、あるいは社会的分野と言っても過言でないであろう。

これに対し、地球内部研究は、内核における熱源の問題、外核における地磁気ダイナモの問題、マントル層の物性の問題、マントル対流の問題、プレート形成の問題、プレートの分裂の問題、地殻変動と地震の問題、マグマと火山爆発の問題等、ほとんどあらゆる問題が未解決である。観測も単なる定常観測的側面よりも、極端条件下での物性、相転移、熱輸送、物質輸送、エネルギー変換など、従来の要素還元的近代科学の範疇を超える科学のパラダイムが要求される重要な研究領域である。

したがって、地球内部の研究は、観測方法にしてもシミュレーション手法にしても斬新なアプローチの開拓を要する領域であり、二一世紀の科学の展開の方向性を決定づける大きな鍵を握っている稀有な分野と言える。

(2) コンピュータ発達の略史

シミュレーションが科学の研究方法として認識される根拠は、一九三六年に発表されたチューリングの数学定理にある。この定理は、「升目が一列に並んだテープと升目を指すマーカーを用意する。その升目にはオン(1)かオフ(0)が表示できる。そのマーカーの指すテープ上の升目のオンとオフの変更操作命令、マーカーを左右に動かす操作命令、操作を停止する命令など、有限個(七つ)の論理操作命令の組み合わせによって、いかなる論理系の問題もその答えを求めることができる」というものである。

この定理に基づいて、オンとオフの区別を表すことができる素子として真空管を用い、それらの論理操作を人間が手でケーブルをつなぐことで実現した第一号の電子計算機(コンピュータ)が、終戦末期にアメリカ軍部によって作られた。ENIACがそれである。このコンピュータは、論理操作をするために人が一回一回おびただしい数の真空管論理回路のケーブルをつなぎ回るという非効率的なもので、ほとんど実用に供する代物ではなかった。しかし、一九四八年にベル研究所のショックレー、ブラテン、バーディーンの三人が、半導体効果を利用したトランジスタを発明するや否や、トランジスタを素子とするコンピュータが一九五〇年代から登場することになる。トランジスタの微細加工技術の進歩は著しく、一つの基盤（チップ）上にトランジスタで構成される論理回路を無数に詰め込む高集積化技術LSIが次から次へと開発されていった。それにより演算速度も、三年ごとに四倍の増加率（ムーアの法則）という成長をたどった。

ENIACの開発に携わっていたフォン・ノイマンが一九四六年に「いかなる非線形問題、とくに、流体問題はいずれコンピュータが解いてくれるであろう」と予言した通り、ほとんどの自然科学分野において、コンピュータが非線形問題の解法手段として導入されることになる。現在では研究の進展に不可欠な研究方法にまで成長している。しかしながら、その分野における位置づけと役割は、前節の最後にも触れたように、その学問としての体系化の進歩・度合いによって大きく異なっている。

チューリングの定理とトランジスタの発明に加えて、コンピュータの発達史における三つめの重要なエポックメーキングなできごとがある。それは、一九七六年のシーモア・クレイによるベクトルアーキテクチャの発明である。従来のコンピュータは演算部と記憶部がケーブルで結ばれており、演算ごとに記憶部からデータを取り出し、演算部に送り込み、演算結果を再び記憶部に格納する。演算部は一度に一個の演算を行う単純な機能であり、現在はスカラ演算器という。そのために、一度の演算に、記憶部からまず演算するデータを呼び込み、演算後、演算済みのデータを記憶部に送り出すデータ転送に時間が費やされる。すなわち、一演算を終了するのに要する時間は、演算時間とデータ転送時間の和となる。その後、半導体チップの集積化技術の急激な進歩に伴う演算プロセッサの超高速化が進み、データ転送時間が演算時間に比べ、相対的に上回るようになってきた。その結果、半導体技術の進歩のみでコンピュータの総合性能を飛躍的に増大させるという戦略は完全に頭打ちとなり、コンピュータの有用性に陰りが見えてきた。当時は、コンピュータはプラズマ物理を中心に、個々の非線形現象の時間発展を解くシミュレーションを行う道具という位置づけであった。

このような状況に対し、シーモア・クレイは、データ転送の負荷の大きさに喘いでいたコンピュータの弱点を克服し、非線形問題の解法としてのシミュレーションの位置づけを格段に増大させる巧妙なアーキテクチャを考案した。そのアーキテクチャは、データ転送時間の演算時間に対する割合を格段に抑えるために、演算部と記憶部の間をベルトコンベア（パイプライン）でつなぎ、連続的にデータを記憶部から演算部に輸送する方式である。

物理のシミュレーションにおいては、シミュレーション領域を格子点で分割し、八点の近接格子点で作る立体空間領域の物理量を代表させ、各格子点での物理量の時間発展を発展方程式（一般には、微分方程式）に従って逐次時間刻みごとに求めていく。したがって、ある時間ステップでの各格子点の物理量は、前の時間ステップの物理量（既知）に対し、同じ演算操作（微分操作）を施すことによって求めることができる。微分という操作は同じであるが、各格子点で微分（差分）を取るデータ値が異なっているだけである。このことは、操作する格子点の順番をあらかじめ決めておき、その順番に従って記憶部からベルトコンベアにデータ（物理量）を装填すると、演算部はベルトコンベアから連続的に運ばれてくるデータを順番に演算していけばよい、ということを意味する。得られた結果のデータも、そのまま別のベルトコンベアに乗せて記憶部に戻せばよい。このようにすると、格子点の数が十分大きく、かつ、ベルトコンベアの長さが適当な長さであれば、データの着脱は演算を行っている間に同時並列的に処理することができる。したがって、データ転送に要する時間は演算に要する時間に比べてほぼ無視できることになり、格段にシミュレーションの実効性能を増大することができる。このベルトコンベア（パイプライン）方式によるコンピュータをベクトルコンピュータと呼ぶ。これに対し、ベルトコンベアのない、したがって、演算部へのデータの着脱を一回一回行う方式をスカラコンピュータという。

このシーモア・クレイによるベクトルコンピュータの発明（一九七六年）により、シミュレーションは格段に進歩することになった。このベクトルコンピュータに対し、スーパーコンピュータという呼び名がつけられることになる。このスーパーコンピュータの誕生によって、シミュレーション手法は非線形問題の有力な解法として、物理化学の分野に非線形・非平衡科学を生み出すことになる。そして、理論・実験（観測）に次ぐ第三の研究法と呼ばれるようになった（後出）。

（3）非線形物理学の誕生

一九四六年のフォン・ノイマンの「コンピュータが非線形問題解明の不可欠の道具となる」という予言は、「コンピュータはシミュレーションのための道具である」ことを意味している。一九七六年のシーモア・クレイのベクトルコンピュータの発明も、シミュレーション研究を飛躍的に向上させるという要請から生まれたものである。

非線形問題の解法として発展したシミュレーションであるが、学術の進展の方向に実質的な貢献を早くからなしていたのは、おそらくプラズマ物理分野においてであろう。その背景には、プラズマ物理の誕生とコンピュータの誕生がほぼ同時代的であったということと、プラズマ現象が本質的に強い非線形相互作用であるという事情による。無数の電子とイオンから構成されるプラズマでは、電子とイオンのわずかな局所的運動のずれが、システム全体の静電ポテンシャル分布を大きく変えるために、プラズマ全体の運動の発展に決定的な影響を及ぼす。そのために、プラズマ現象の本質的解明には、当初から研究の限界が認識されていた。粒子効果（多体相関）を矛盾なく取り入れる超粒子法の開発や、局所的電子粒子分布のずれによるプラズマ全体のポテンシャル分布を高速に解く巧妙なアルゴリズム（FFT法、Fast Fourier Transform、高速フーリエ変換法）の開発など、シミュレーション研究のその後の発展に大きく貢献するアルゴリズムが、一九五〇年代から六〇年代にかけて精力的に開発されている。また、気象現象も本質的に非線形流体現象であり、コンピュータの歴史とともに、シミュレーション研究が強力に推進されてきた。

しかしながら、二〇〇〇年までのシミュレーション研究は、存在するコンピュータのメモリ容量の不足と演算性能の不足から、システム全体の発展を取り扱うことに限界があり、システムの中の興味ある現象の発生している近傍の小さな領域のみを切り出し、境界条件や初期条件を人工的に与えて解析する部分シミュレーション、あるいは、システムの形状を極端に簡単化して行う理想化シミュレーションに限られていた。しかも、シミュレーションの対象は流体（ナヴィエ・ストークス流体）現象のみであり、たとえば、気象・気候変動の鍵を握る雲形成（ミクロプロセス）は各流体格子点上で雲パラメターという簡便法を採用せざるを得なかった。プラズマや気象分野だけではなく、物性科学、天文学、工学のさまざまな分野においても、シミュレーション研究が早くから導入されているが、やはり、個別非線形問題の理想化シミュレーションや部分シミュレーションに限定せざるを得なかった。

この個別非線形現象の解法としてシミュレーションが科学の進展に貢献した一九八〇年代、一九九〇年代のベクトルコンピュータ（スーパーコンピュータ）が活躍した時代が、理論、実験に次ぐ第三の研究法と呼ばれた時代である。一七世紀のデカルト、ガリレイに発する西洋近代科学の要素還元パラダイムは、一九二九年のシュレーディンガー方程式にいたるまで、宇宙形成過程における基本法則を観測（実験）と理論的洞察によってことごとく暴露してきた。戦後は、観測・実験技術の長足の進歩によって次々と発見される非線形現象の因果関係が、今度はシミュレーションによって次々と解明されていった。これによって要素還元論によって築かれた近代科学の個々の分野の法則体系の正しさが一つ一つ裏づけられていくことになる。

（4）未来予測・未来設計のシミュレーション

このように、二〇世紀のシミュレーションは、近代科学によって打ち立てられた各学問分野を支えている理論体系法則（方程式）が実際に生起する個々の現象の因果関係を矛盾なく説明できることを、定性的ないしは定量的に示していった。言い換えると、シミュレーションは近代科学の集大成を行う最終走者の役割を果たしてきた。いわば、近代科学の理論・観測（実験）の支援的・補助的研究手段であり、まさに第三の研究法としての働きをしたと言える。

近代科学のパラダイムは、解明したいと考える複雑なシステムをそのまま把握することは人間には到底不可能であるという前提に立っている。理解するためには、複雑に絡み合っているシステムを静止させ、その静止状態がそのままほぼ安定に存在していると仮定して、特徴的な要素をシステムから切り離す。そして、そのシステムを構成している重要な部分（要素）を一つ一つ切り離していく。そのとき、切り出された部分を一つの要素として固めている内部結合力に比べて、システムから切り出した部分と他の部分とを結びつけている結合力は十分弱いと仮定している。これが部分を切り離すことのできる前提である。この切り離しを繰り返しながら、より基本的な要素の発見へと進んでいった。そして、各要素を支配している法則が次々に解明されていった。

第三の方法としてのシミュレーションの役割は、個別の非線形現象の複雑に絡み合った因果関係を、要素還元プロセスで解明された各階層（部分）を支配する法則の組み合わせによって明らかにすることであった。したがって、シミュレーションは要素還元科学の枠組み内での研究の深化にとどまっていた。

本書では、実は、「シミュレーションの真骨頂は、フォン・ノイマンのいう単に非線形問題の解法

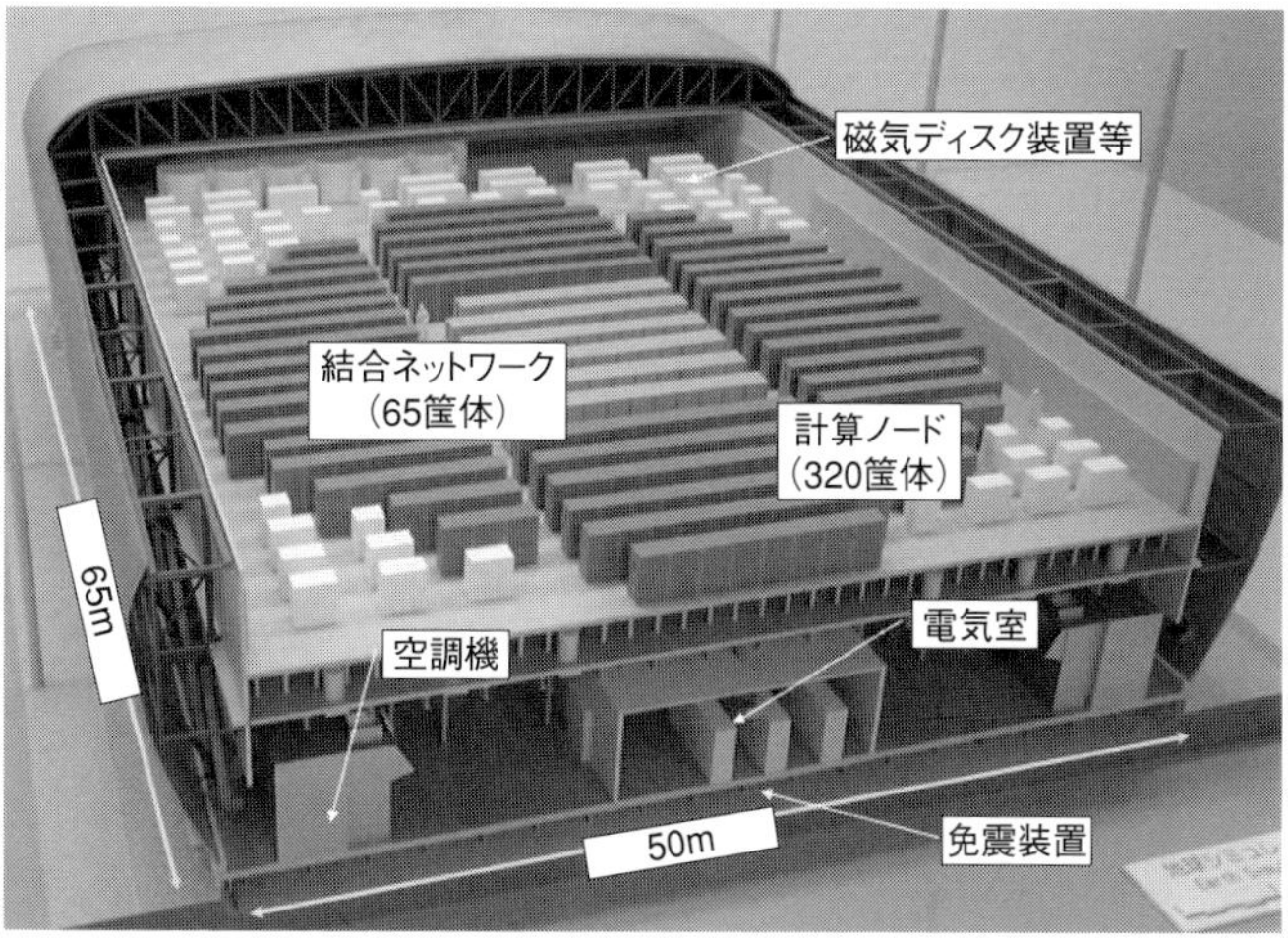

図 3-1　地球シミュレータの概観（JAMSTEC 地球シミュレータセンター提供）

という小さなものではない」ことを読者の皆さんに知っていただくことが主眼である。

要素還元のパラダイムは、システムが平衡で安定に近いことを仮定している。そのために、時間積分という概念を無視している。ところが、自然現象にしても社会現象にしても、実はすべて時間積分の結果である。したがって、要素還元パラダイムは、現実問題から遊離していたといえる。時々刻々変化する現実問題への適応という見方からすると、近代科学は重大な忘れ物をしてきたことになる。シミュレーションのパラダイムは、システムを静的なものとみなすのとは逆に、要素間の関係性を取り入れることを主体にしている。関係性は時間変動を前提とする。すなわち、時間積分効果としての物事の時間変動を明らかにすることである。

シミュレーションパラダイムの本質が時間積分効果の解明であるにもかかわらず、これまでは主とし

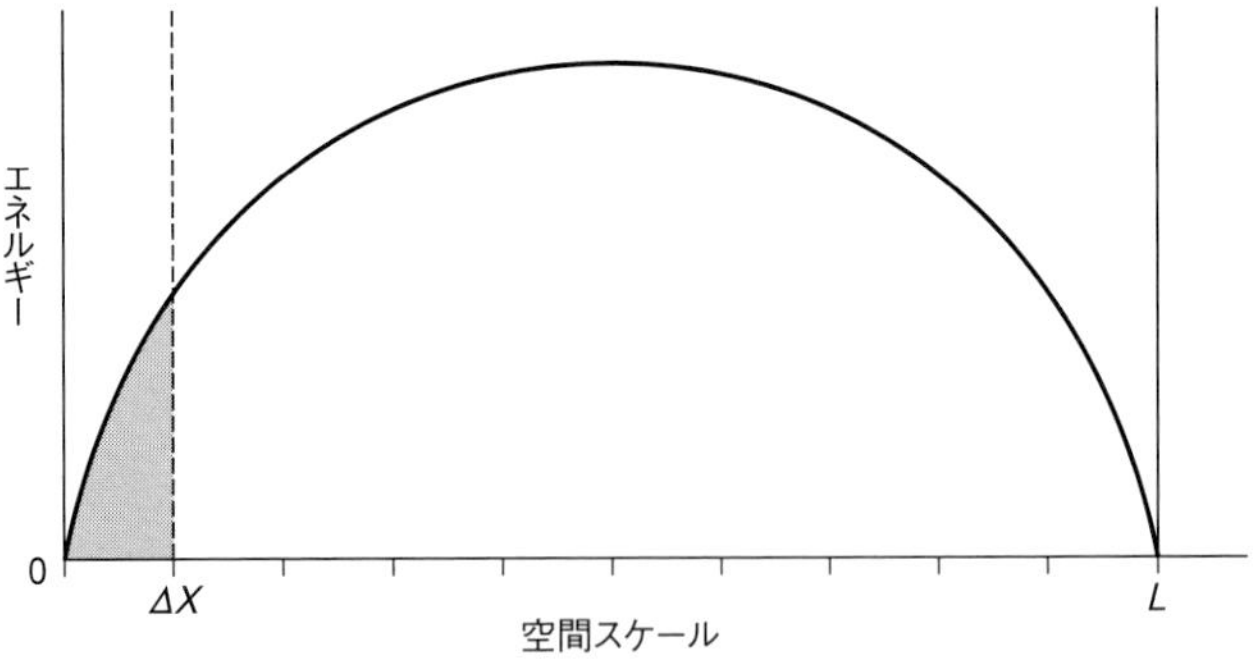

図3-2　システムのエネルギー空間分布とシミュレーションから抜け落ちるエネルギー（黒い部分）の関係を示す概念図

て要素還元科学の論理的裏づけとして用いられてきたのは、コンピュータの性能不足に他ならない。これを打破したのが二〇〇二年三月に出現した地球シミュレータである（図3-1）。ハードウエアとして見たとき、地球シミュレータは主記憶容量が一〇兆バイト（一〇テラバイト）を有し、その演算速度として一秒間に四〇兆回の演算（四〇テラフロップス）を行う能力を有している。

この一〇兆バイトという巨大なメモリは、従来の理想化シミュレーションや部分シミュレーションを「システム丸ごと」シミュレーションへと飛躍させてくれた。システム丸ごとという意味は、対象とするシステムを動かしているエネルギーの九〇～一〇〇%をシミュレーションに取り入れることができることである。図3-2に示すように、空間を格子間隔ΔX、システム長をLとしたときΔXからLの間にシステムの九〇～一〇〇%のエネルギーが含まれるならば、システム全体の挙動を丸ごとシミュレーションすることが可能であると考えてよい。三次元の問題では、三次元格子空間の中にシステムの九〇％のエネルギーが含まれれば良い。すなわち、格子空間の目からこぼれ落ちる小さなスケールのエネルギーが、全体のエネルギーに比べて無視できるぐらい小さく取れることが、丸ごとシミュレーションの条件と考えて良い。

「丸ごと」シミュレーションは、そのシステムが時間的にどのように発展するかを明らかにしてくれる。このことは、現在のシステムの状態を初期条件として与えると、シミュレーションプログラムが、その後の未来の発展を科学法則に従って予測してくれることを教えている。また、丸ごとシミュレーションは、直接人間が行くことのできない地球内部のような領域の振る舞いを科学的に露にしてくれる唯一の方法論でもある。

この丸ごとシミュレーションを可能にする地球シミュレータの出現は、アメリカに大きな衝撃を与えた。そのショックの大きさは、一九五七年アメリカに先駆けて地球周回人工衛星「スプートニク」を打ち上げた旧ソ連の成功になぞらえ、「コンピュートニク」と名づけたことが雄弁に物語っている。

シミュレーションはシステムの未来の発展を科学的に予測してくれる、人類が手に入れた最大にして最初の「未来を見る望遠鏡」である。しかし、ここで忘れてならないことは、シミュレーション単独では未来を予測することはできないということである。初期条件を正しく与えてやらないと、いかに高性能のシミュレーションコードが存在しても、宝の持ち腐れとなる。いうなれば、未来を予測するには、シミュレーションの分解能と同程度の分解能の観測データの存在が前提となる。

この意味で、地球シミュレータの出現によって、シミュレーション研究は、観測研究との二人三脚で互いに刺激し合いながら、地球内部科学のブレークスルーに向かう時代に突入したと言える。第三の研究法から第一の研究法への飛躍である。

（5）地球内部シミュレーションの諸問題

ここで、地球内部シミュレーション研究を行うに当たっての基本的な課題と問題点のいくつかを列挙することにする。

内核

地球の中心部に存在する内核（半径r＝〇～一〇〇〇㎞）における放射性元素（アイソトープ）の崩壊による熱源（三〇〇〇～五〇〇〇℃）を地球内部シミュレーション研究の出発点とする。この内核の放射性元素の崩壊をエネルギー源とし、地球中心に向かう重力と地球の自転が相俟って地球内部の運動、その結果としての構造形成が決定づけられている。

外核

溶融した鉄が主成分と考えられている外核（r＝一〇〇〇～二九〇〇㎞）は電流を通す導電性媒質とみなしてよく、そのマクロな運動は磁気流体（ＭＨＤ、Magneto-Hydro Dynamics）方程式によってほぼ表現できる。この領域の最大のテーマは地磁気を生み出しているダイナモ作用である。エネルギーを伝える波の種類と伝搬速度、熱伝導率、粘性、拡散係数、コリオリ力、重力などの関係性を示す物性長・特性時間は外核の上部と下部で桁違いに異なっている。一〇桁、あるいは、それ以上の時間・空間スケールの異なる物理プロセスが密接に絡み合った結果として現れる地磁気の振る舞いを解明するためには、斬新なアルゴリズムの開発を行う以外に方法がない。この桁違いの物性スケールの異なる外核のダイナモ問題への挑戦は、地球科学シミュレーションの将来を展望する上でもっとも難解にして重要な挑戦であり、かつまた、シミュレーション研究の醍醐味でもある。

マントル

①マントル領域（r＝二九〇〇km～プレート層）のマクロ運動は基本的には流体（ナヴィエ・ストークス）方程式で記述されると考えてよい。マントル対流の振る舞いを正確に知ることは、地球内部ダイナミクスの解明、とくに、人間生活に直結する巨大地震予測、マグマ活動による火山噴火の解明、さらには、大陸形成メカニズムの解明にもつながる最重要テーマである。熱伝導率、粘性、拡散係数、コリオリ力、重力の関係性を規定している物性値は、たとえば、粘性をとると下部マントルから上部マントルまで一〇桁近く異なる空間分布をしている。ダイナモ問題と同様、この大きな物性の違いを科学的信頼性をもって取り扱うことができる斬新なアルゴリズムの開発が鍵を握ることになる。

②流体的なマクロなダイナミクスの解明と同時に、外核とマントル領域の超高圧下の物性（ミク

ロ）シミュレーションのアルゴリズムを開発し、相転移などの存在を探るシミュレーション研究をすることが要求される。厳密にいえば、各階層は独立に運動しているのではなく、階層間でエネルギー、運動量、物質の交換が行われている。したがって、内核と外核の相互作用、外核とマントルの相互作用を記述できる結合シミュレーションアルゴリズムの開発が肝要となる。

プレート

①マントル上部に形成される全球規模のプレートの運動を記述する物理（相転移）プロセスの解明と、プレートの分裂を記述する破壊プロセスの解明を零ベースから行うことが、複数のプレートから形成されている現在のプレートダイナミクスの解明にとっての挑戦的課題である。

②分裂したプレート間の局所的衝突・沈み込みプロセスの解明と歪み・摩擦エネルギーの蓄積プロセスの解明。この研究は①のプレート形成研究と独立した研究テーマとして進めることができるが、プレートの全球的分裂プロセス研究と局所的摩擦エネルギーによる地震破壊プロセス研究とは共通的課題でもある。さらに、歪みエネルギーの蓄積によるプレート破壊を記述するミクロプロセスを解明するアルゴリズムの開発は、地球内部科学と人間の安心・安全の保証という観点からも解決すべき究極の課題といえる。

地震波・火山活動

この分野では、

①地震による地震波の伝搬シミュレーションの超高速アルゴリズムの開発

②マグマ活動から火山噴火にいたるミクロプロセスとマクロプロセスを現実的にシミュレーションするアルゴリズムの開発

などの課題がある。

(6) アルゴリズム開発への挑戦

シミュレーション研究の飛躍的発展には斬新なアルゴリズムの開発を欠かすことができない。この節では地球シミュレータセンターを中心に開発した、いくつかの革新的なアルゴリズムを紹介する。

先に述べたように、地球シミュレータ誕生以前の二〇世紀のシミュレーションは、近代科学が暴露した理論体系を定量的に裏づける第三の研究法としての位置づけであった。そのために、シミュレーションコードは、理論解析のために開発された解析手法の枠組みをそのまま踏襲・延長する形で開発されている。たとえば、シミュレーションの格子座標は、解析的に研究されてきた極座標を基盤に組み立てられている(図3-3)。極座標のシミュレーション上の問題点は、極点近傍に格子点が密集し、緯度方向の格子間隔が極端に狭くなることである。シミュレーションでは空間を格子点分割のように

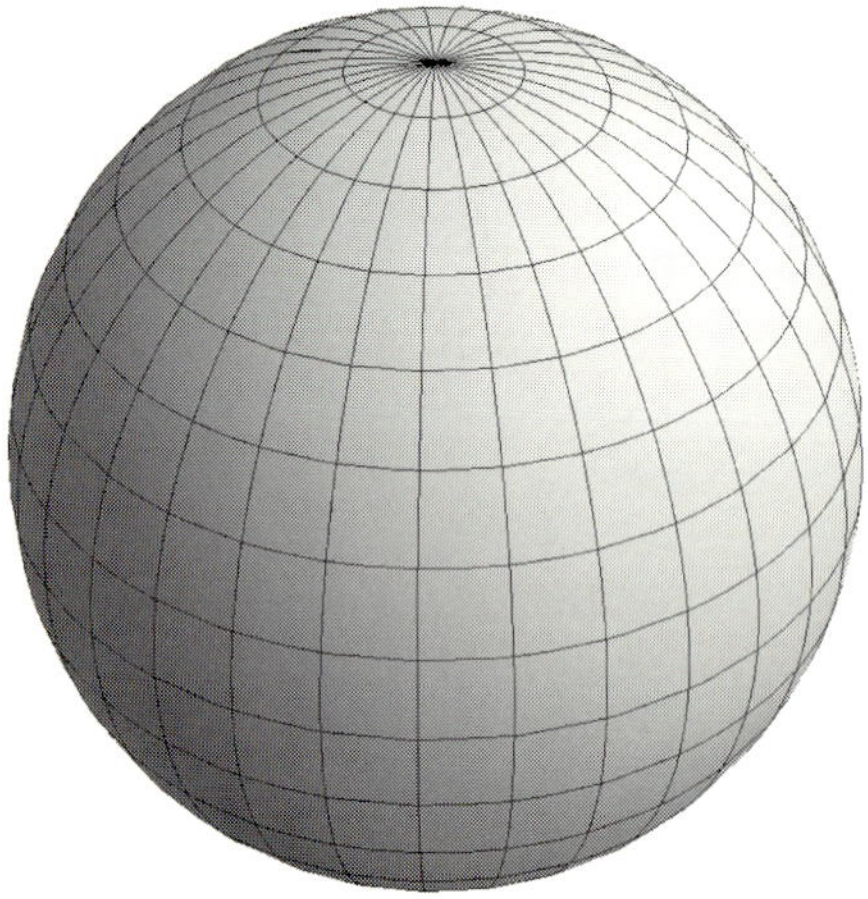

図 3-3　極座標格子の例
赤道域と極域の経度格子間隔の大きさの違いに注意.

離散化すると同時に、時間軸も離散化する必要がある。その時間刻みΔtは、数値的な発散を起こさないためのクーラン条件（CGL条件）を満たすように選ぶ必要がある。

そのクーラン条件は、信号（エネルギー）を伝える波の位相速度をVとすると、$V\Delta t < \Delta x$（Δxは最小格子間隔）で与えられる。この条件の物理的意味は、シミュレーションの時間刻みΔtの間に波が隣の格子点を飛び越えて伝搬してしまえば、波の挙動を正しく追跡できなくなることを表している。したがって、シミュレーションに用いるΔtは極域の非常に小さな経度格子間隔で決まる小さな時間刻みを選択しなければならない。従来の部分シミュレーションを前提にすると、極点を対象領域からずらせることによって、この無駄を避けることができる。したがって、極座標格子系を選択しても決して悪くなかった。しかし、本来のシ

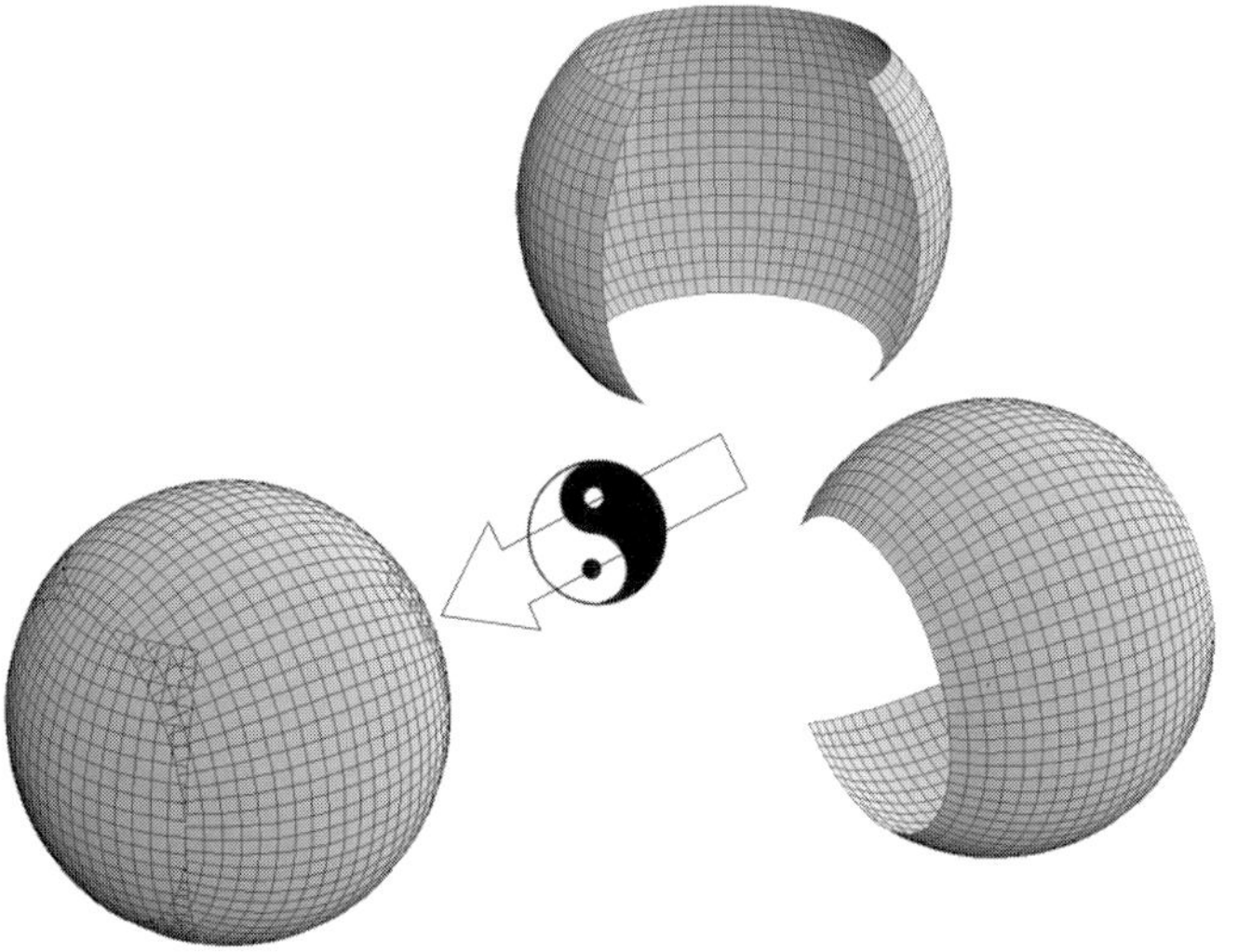

図3-4　イン・ヤン格子系の構成を示す図（陰山聡提供）

ミュレーションの役割を発揮する全球丸ごとシミュレーションに突入した二一世紀の現在においては、極座標格子系は適切な選択とはいえない。各時刻、各格子点において、$\Delta x / V\Delta t = \alpha$（$>1$）がほぼ同じ値になるように格子系と時間刻みを選ぶようにするのが賢明である。

　地球シミュレータセンターの陰山聡グループリーダーは、イン・ヤン（陰陽）座標系という巧妙な座標系を提唱し、ダイナモ問題やマントル対流問題に挑戦している。この座標系は野球ボールの皮革を思い出していただきたい。実際には図3-4に示すように、緯度四五度から一三五度の赤道ゾーンを切り出し、さらに、経度方向の四分の一を切り捨てる。同じものをもう一つ用意し、図3-4に示すように、それらを互いに九〇度ずらせてかみ合わせて全球を覆う。重なる領域がある程度残るが、オーバーラップして時間ステップを進め、両者の合理的なすり合わせを行うことによって処理できる。このイン・ヤン格子点アルゴリズムによって格子点間隔は全領域において同程度となり、不必要に小さなΔtを採用することが不要となり、演算効率は飛躍的に改善される。このアルゴリズムはすでに世界的にも評価され、その浸透も進みつつある日本発の成果である。

さらに、この等間隔実空間直交格子アルゴリズムは、複雑な地形の表現や、領域による格子間隔（分解能）の調整などが自由にできるという、現実のシミュレーションにとって非常に優位な性質を備えている。

次に示す例は、平衡圧力分布を解く新しいアルゴリズムである。ポアッソン方程式を高速に解くアルゴリズムは、プラズマシミュレーション研究者のホックニーが一九六〇年代に巧妙なＦＦＴアルゴリズムを開発し、現在でもさまざまな分野のシミュレーション研究に貢献している。しかしながら、ＦＦＴ法は直方体で周期境界条件が用いられるような境界問題に対しては非常に有効であるが、地球内部シミュレーションのような現実の問題に必ずしも最適であるとは限らない。

地球シミュレータセンター（現愛媛大学）の亀山真典研究員は、運動方程式に疑似圧縮項を加えて、マルチグリッド法を適応して平衡解に急速に緩和させる高速ACuTE解法を開発した。現在このアルゴリズムをイン・ヤン格子系のマントル対流シミュレーションコードに装填したコードが完成している。このシミュレーションコードを用いて、現実に近い球殻マントル対流のシミュレーションに成功している。図3-5にその一例を示す。この図は温度分布をプロットしたものである。従来のシミュ

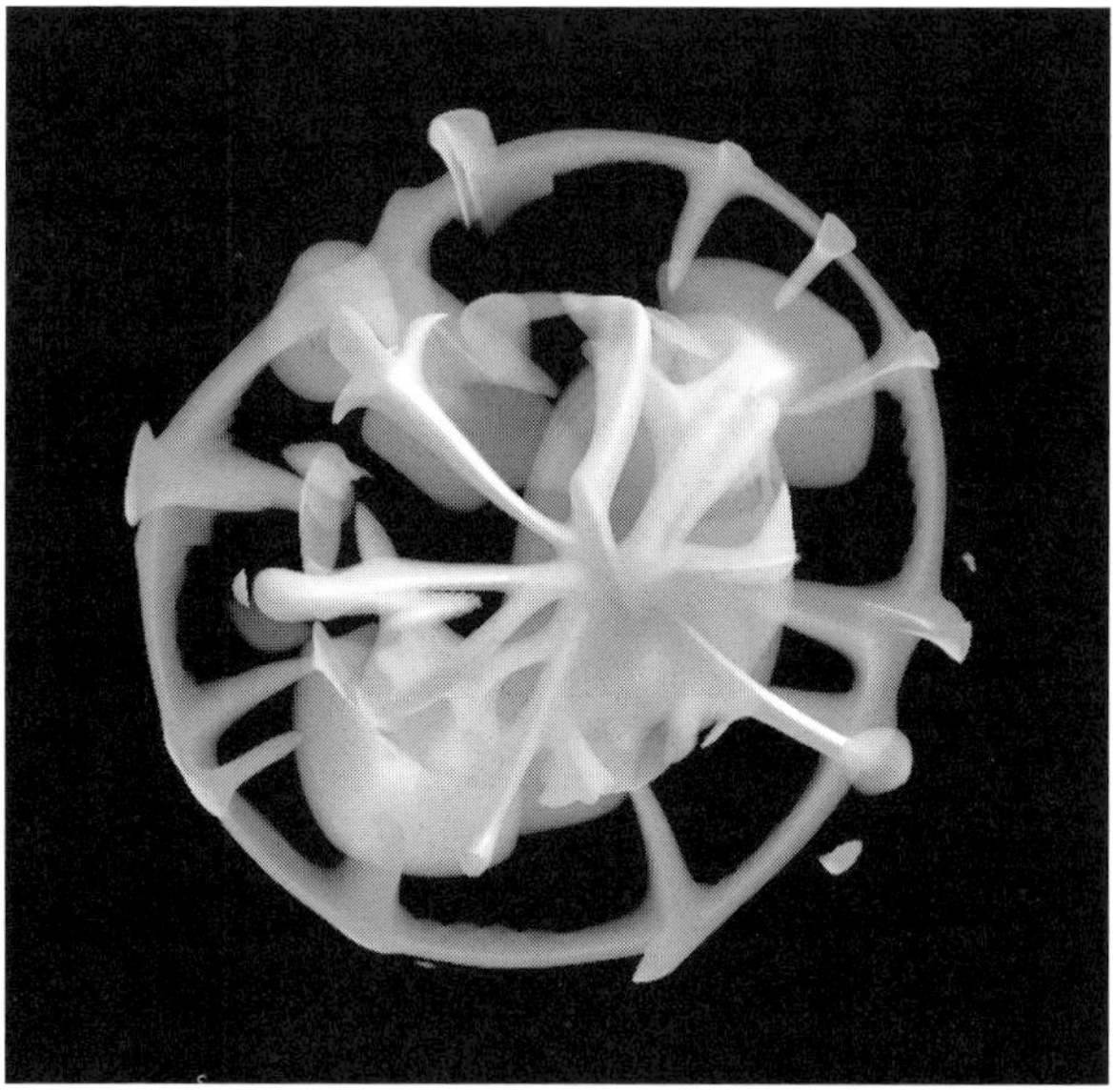

図 3-5　超高精度マントル対流シミュレーションの例（色の濃淡は温度差を示す）（陰山グループ提供）
ヒトデ状のプルームが形成されている.

レーションでは見出すことのできなかった興味ある動的構造が見られる。それは下部マントル表面から複数のヒトデのようなシート状の高温のプルーム（白っぽく映っている）が湧き出している構造である。

プレートのダイナミクスを統一的に取り扱うには、粘弾性的性質を有する媒質をマントル対流と統一的に記述できるアルゴリズムの開発が待たれる。地球シミュレータセンターの若手研究者である古市幹人研究員が、オイラー的手法に基づいた粘弾性流体の斬新なアルゴリズムを最近開発した。このアルゴリズムを応用した水飴を上からたらすシミュレーションは、見事にとぐろを巻く様子を再現している。この成功は、マントル対流の上部にプレートが形成されるシミュレーションが手の届くところまできたことを示唆しているといえる。

プレートダイナミクスは地震メカニズムの解明にとっての基盤であるが、プレートの分裂を記述するアルゴリズムはほとんど開発されていないのが現状である。プレートのマクロな挙動は粘弾性流体コードによって研究を進めることはできるが、プレート運動にとってもっとも大切な挑戦は、プレート破壊のミクロプロセスを記述できるアルゴリズムの開発である。しかしながら、現在のところは未開発のままである。

(7) 地球内部シミュレーションの実例

次に、具体的な地球内部シミュレーションの例のいくつかを紹介することにする。

本格的な地球内部シミュレーションの先陣は地磁気ダイナモである。磁気流体（ＭＨＤ）プラズマの理論的研究は、二〇世紀前半からの地磁気研究や太陽磁場研究としての長い歴史を持っていた。地磁気ダイナモ研究もこの流れの中で、理論解析的に研究がなされていた。しかしながら、成功するものはいなかった。この失敗は理論解析に限界があることを示す結果となった。現実の自然現象は非平衡で、複雑で強い非線形性を有し、解析的に解くことができないものがほとんどである。シミュレーション手法がその存在を発揮するのは、まさにこの強い非平衡・非線形性の問題に対してであるとい

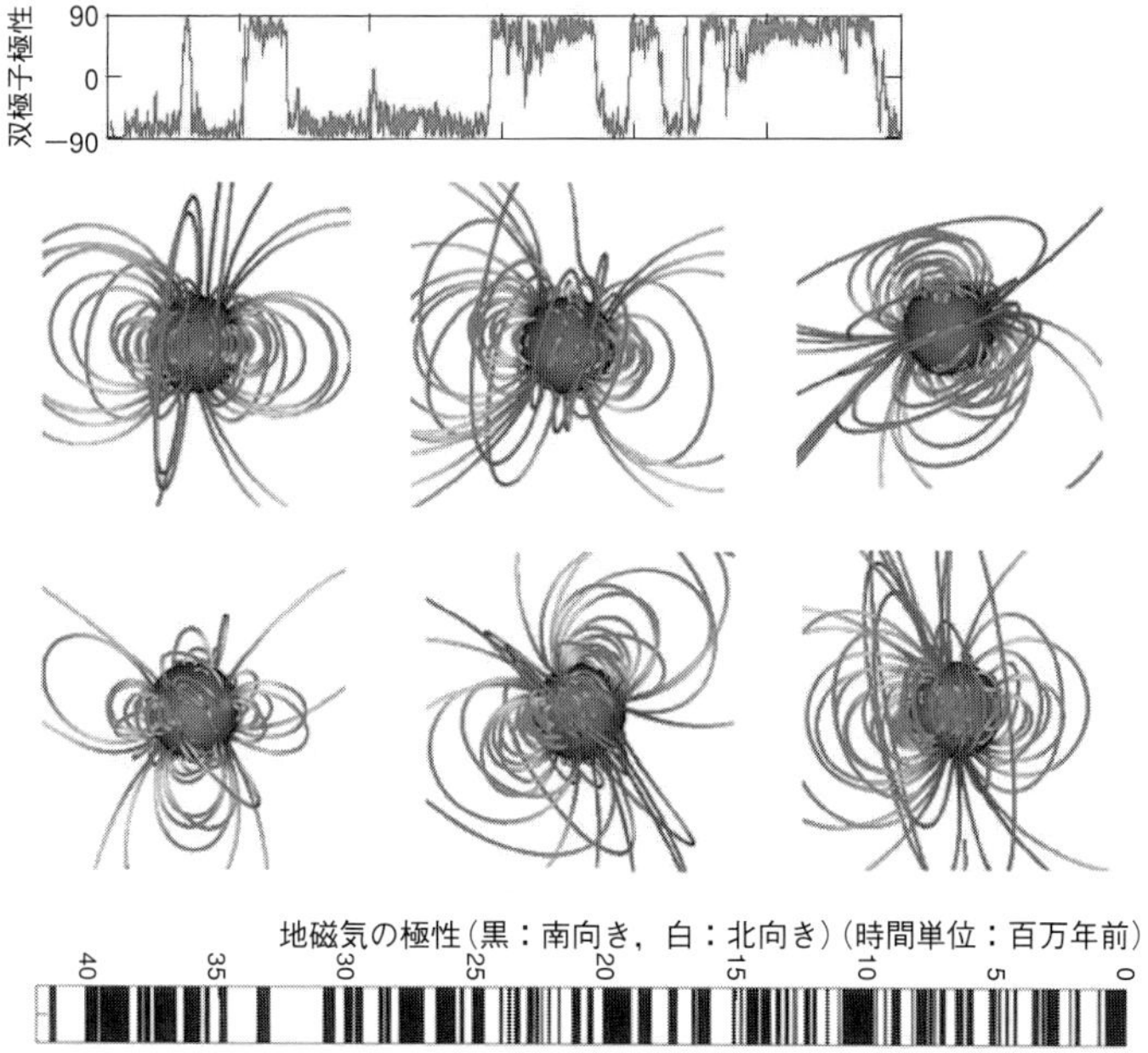

図 3-6　(上) シミュレーションによる磁場極性の不規則な逆転，(中) シミュレーションによる磁場逆転の挙動，(下) 地磁気逆転の過去 4500 万年間の観測データ (Li *et al*., 2002 参照)

える。

この状況から、一九七〇年代から宇宙空間プラズマのMHDシミュレーションを世界に先駆けて推進していた筆者は、当時大学院生であった陰山聡氏とともに、一九九〇年代前半から地磁気ダイナモのシミュレーションに積極的に取り組み、数年の歳月をかけ、ダイポール磁場の形成のみならず、極性が急激に不規則に逆転を繰り返すことを明らかにした。図3-6は磁場が不規則に逆転するシミュレーション結果と、地磁気逆転の観測結果を示したものである。米国のGlatzmaier-Robertsもほぼ同時期にダイポール磁場の形成シミ

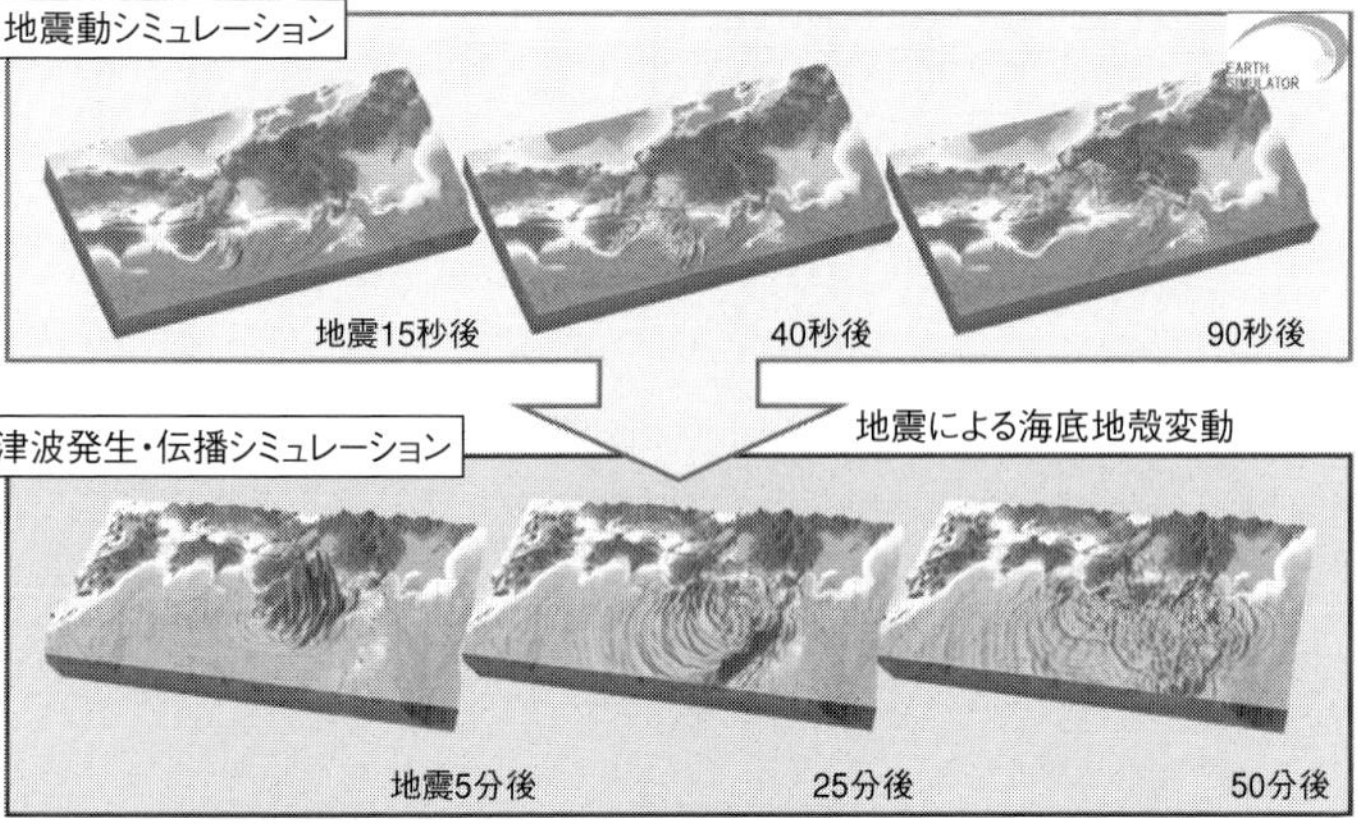

図 3-7　東南海地震（1944）に対する地震波伝播シミュレーション結果
（上）地震波動，（下）津波．（古村孝志氏提供）

ュレーションに成功している。

次に示す例は、地震波伝搬のシミュレーションである。この分野では、日本の第一人者である東京大学の古村孝志氏の結果を紹介する。地球シミュレータの出現によって、地球内部シミュレーションのコンソーシアムが設立され、この六年間で日本の地球内部シミュレーション研究のレベルが大きく成長している。その中でも、地震波による被害を解明するシミュレーションの進展は目を見張るものがある。古村氏は、震源と解放されるエネルギー（マグニチュード）を初期条件として与え、地震波観測データの逆解析から得られた最新の地殻構造を境界条件として与え、地震波伝搬の振る舞いを高解像度、高精度で再現するシミュレーションを精力的に行っている。関東大震災（一九二三年）、東南海地震（一九四四年）、阪神・淡路大地震（一九九五年）、新潟県中越地震（二〇〇四年）の再現シミュレーションから東京直下地震被害予想シミュレーションなどを行い、地震被害に対する知見が大いに増大している。

その一例を図3–7に示す。この図は一九四四年の東南海地震の地震波伝搬と、この地震による津波の伝搬の模様を再現している。この一連のシミュレーションによって、地震波エネルギーが堆積層の領域に集中するとともに、発生時に周期が一秒以下の高周波に集中していたエネルギーのピークが、堆積層に侵入し五～八秒という長周期にシフトする様子が定量的に解明された。この事実は、堆積層の上に築かれた東京や大阪などの大都市に乱立する高層ビル（共振周期が数秒～一〇秒）が地震波と共鳴するもっとも危険な構造物であることを教えている。シミュレーションが教えてくれた都会での高層建築に対する重要な警告である。

地球シミュレータを基盤とする前述のコンソーシアムの中で、南海・東南海地震に代表されるプレート沈み込み型巨大地震発生サイクル再現を試みる二つのグループ（東京大学の松浦充宏グループと名古屋大学（現京都大学）の平原和郎グループ）が活動している。（5）節では、今後取り組むべきシミュレーション課題という観点から列挙したものであるが、現在のシミュレーション技術のレベルはまだ開発途上にあり、巨大地震の発生を科学的に予測するにはまだまだ程遠い状態にある。そこで、現実的試みとして、松浦グループは急速に進展する人工衛星からのＧＰＳ（位置測定）技術による地殻の詳細な空間歪み分布から、プレート間の摩擦エネルギーの蓄積マップを作成し、その観測マップを初期条件・境界条件として用いるアプローチを採用している。摩擦やすべり応答モデルを導入し、フィードバックモデルを構築している。そして、観測から得られたエネルギー蓄積分布状態に対し、小規模な地震を人工的に与え、巨大な地震に成長するかどうかを判定する半経験的地震シミュレーションモデルを提唱している。

一方、平原グループも、同様に相対的に沈み込むプレートの摩擦の増大部分に対しバネ模型モデルを導入し、地震サイクルの再現を試みている。これらの方法論は、物理の基本法則に基づく厳密なシミュレーションコードが未開発である現状に鑑み、現象論モデルを導入することによって現実とのギャップを埋めようとする現実的アプローチである。

(8) 二一世紀のシミュレーション――連結階層シミュレーション

プレート沈み込み型地震の発生機構は、地球内部ダイナミクスの最難解の課題である。マントル対流、プレートの衝突、プレートの沈み込み、摩擦による引きずりと歪みエネルギーの局所的蓄積、プレートの局所破壊、破壊の拡大が複雑に絡み合い、同時進行的にダイナミックに発展する。基本的には、マントル対流、プレートの衝突、沈み込みはマクロ（流体）プロセス、摩擦と歪みによるエネルギー蓄積プロセスはマクロ－ミクロ結合プロセス、プレート破壊と拡大はミクロプロセスが主体となる。

マントル対流やプレート運動に関するマクロシミュレーションは、（6）節で述べた高速・高精度アルゴリズムの開発によって大きく前進することが期待できる。また、破壊の基礎プロセスは、分子動力学（ＭＤ）シミュレーションによって遂行することができ、原理的困難はない。しかしながら、現実のプレートの破壊は、プレートのマクロな相対運動が原因となり、二つのプレートが相対的に接触面での構造的な不均一性によって局所的な摩擦が進展し、マクロなプレートの相対運動エネルギーが局所的に歪みエネルギーとなって蓄積し、それが弾性体としての分子間結合を壊し、マクロな歪みエネルギーが解放され、その周囲の応力のかかった分子結合を連鎖的に破壊し、巨大な歪みエネルギーが急速に解放される。この現実の破壊現象をシミュレーションによって再現するためには、マクロなプレートの動きと、局所的に蓄積した歪みエネルギーが引き金となって分子結合が一点から周囲に拡大していくミクロプロセスを同時に、しかも、自己無撞着に解いていかなければならない。ところが、分子結合のミクロな破壊現象はミクロンオーダー（10^{-6}ｍ）、あるいは、ナノオーダー（10^{-9}ｍ）のスケールであるのに対し、プレートのマクロなスケールは数百km、あるいは、数千kmのオーダーである。したがって、10^{15}のスケール幅を解くことができる主記憶メモリと演算速度のシミュレータが要る。このようなシミュレータは未来永劫現れるとは考えにくい。では、どうするか？　諦めるか？

「はさみ」は使いようである。はさみ（シミュレータ）の使い手、すなわち、シミュレーション研究者の知恵を用いる以外に解決法はない。研究者が心頭滅却し、自然の営みを謙虚に見れば、必ず、不可能と思われる問題も解決する方法が見出せるはずである。その一つの斬新な解決法をここで紹介する。

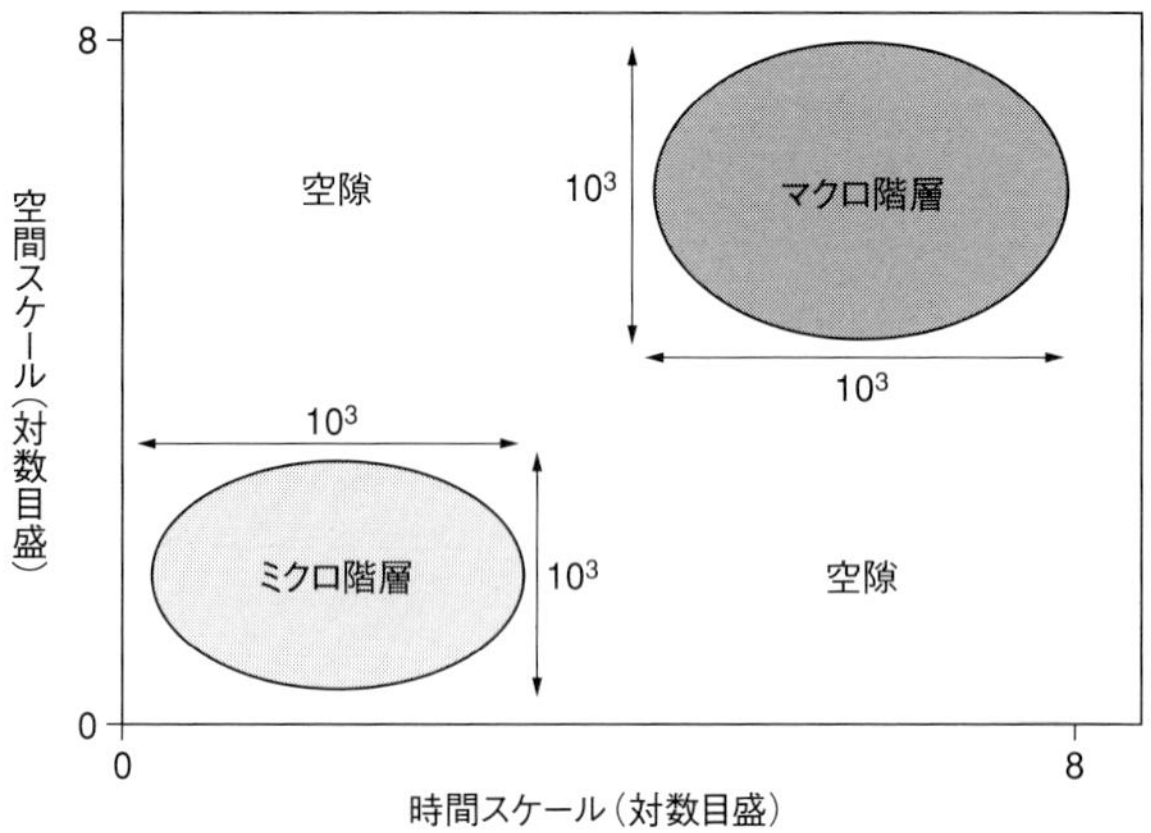

図 3-8　自己組織化（階層化）されたエネルギーの局在化を示す概念図

地球シミュレータは10^3～10^4のスケール幅（一次元当たりの格子点数に対応）の情報（エネルギー）を同時に処理する能力を有している。対象は三次元であり、10^{10}程度の格子点数となる。（4）節（図3-2）で述べたように、記述する方程式（たとえば、MHD方程式）で記述されるシステムのエネルギーの九〇％以上がこの格子系で包含することができれば、丸ごとシミュレーションが可能である。

自然界を眺めてみると、情報（エネルギー）はシステム全体にわたってべったりと一様に詰まっているわけではない。エネルギーは時空のいくつかの離散的なドメインに局在化して分布している。それは、自然界はその進化の途上で自己組織化というプロセスを繰り返して発展しているからである（図3-8）。宇宙進化における素粒子から原子核、原子、分子、化合物へのミクロ物質の形成、銀河集団から銀河、星、惑星というマクロ構造の形成、さらには、分子からタンパク質、細胞、臓器、個体の発生、これらはすべて自然界の自己組織化の典型例である。多体集団は宇宙膨張という開いた系の中では、自己組織化プロセスを繰り返しながら、局所的な情報・エネルギーの集中と新しい機能の創生を行っている。各自己組織化された情報・エネルギー集団は、それぞれ個別の働きをしており、それぞれ別々の原理（法則）に支配されている。階層化という概念を用いることもできる。各階層は別々の法則体系・方程式によって記述できる。

自然界で人間に大きな影響を及ぼす、あるいは、人間を感動させる現象のほとんどは、異常現象である。平衡安定状態とは程遠い、予想しがたい急激な非平衡不安定現象である。マクロなエネルギー循環の中で、特定の場所にエネルギーの流れに淀みが生じ、そこにマクロエネルギーの集中的な蓄積が起こり、ミクロ（粒子）場の不安定や相転移を誘起する。そして、常態でない現象が発生する。異常現象といわれる所以である。

このことは、逆に、マクロシミュレーションのあらゆる格子点でミクロシミュレーションを行う必要がないことを示している。マクロシミュレーションの時間ステップ上で、全格子点のエネルギー情報、あるいは、構造変化のみをモニターし、ミクロ不安定、あるいは、相転移の臨界点に近づいたかどうかを判定し、もし臨界点に近づいた格子点が発生すれば、そのマクロ状況をミクロシミュレーション側に渡し、ミクロシミュレーションを実行し、ミクロな相転移を見出す、という方法をとればよい。相転移が発生した段階で、そこから解放された情報をマクロ側に渡し、マクロシミュレーションを続ける。この革命的なシミュレーションを「連結階層シミュレーション」と呼んでいる（図3-9）。

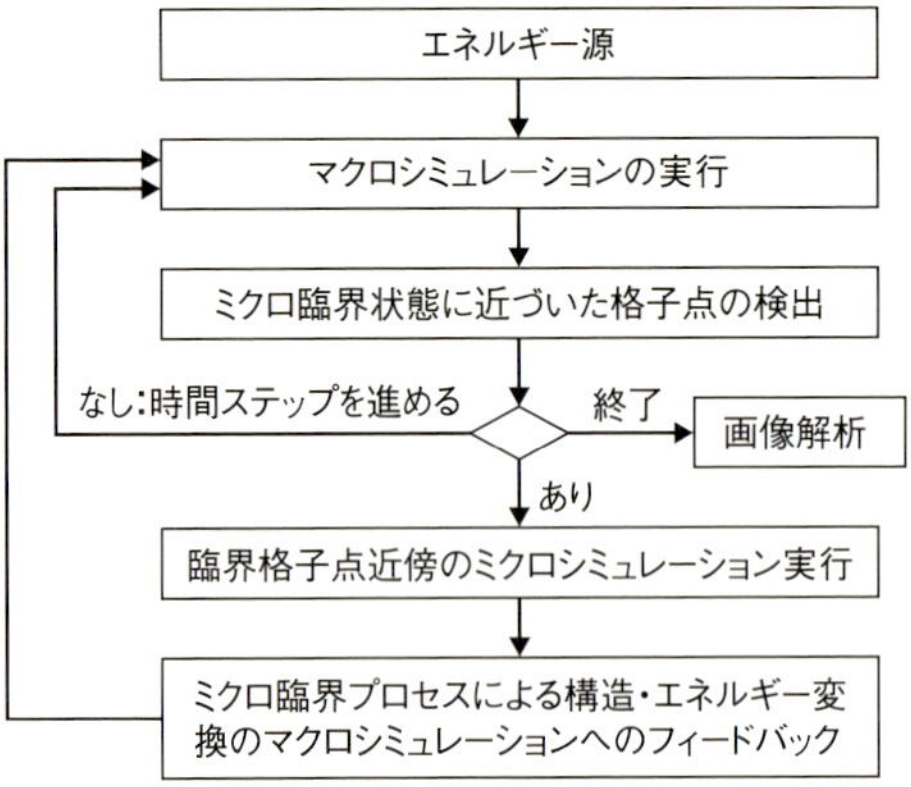

図 3-9　マクロ－ミクロ連結階層アルゴリズムの流れ

この連結階層シミュレーションの効率的実行には、図3－10に示すミクロシミュレータとマクロシミュレータを連結させるアーキテクチャがよい。一般にマクロ（流体）シミュレーションにはベクトルシミュレータが効率的で、ミクロ（粒子）シミュレーションにはスカラシミュレータが費用対効果の面から推奨される。

地球シミュレータセンターには草野完也プログラムディレクター率いる連結階層シミュレーションプログラムが走っている。太陽風プラズマと磁気圏の磁気流体マクロシミュレーションと、磁気圏内のプラズマ粒子相互作用によるオーロラ電子の異常加速の連結階層シミュレーションに成功しており（地球シミュレータセンターの杉山徹・長谷川裕記研究員）、オーロラ領域上空に乱舞するカーテン状のオーロラアークの様子が映し出されている。

次に、気象・気候予測の例を見よう。大気・海洋の流れはマクロな流体（ナヴィエ・ストークス）方程式によって記述できる。しかしながら、同等に重要なプロセスとして

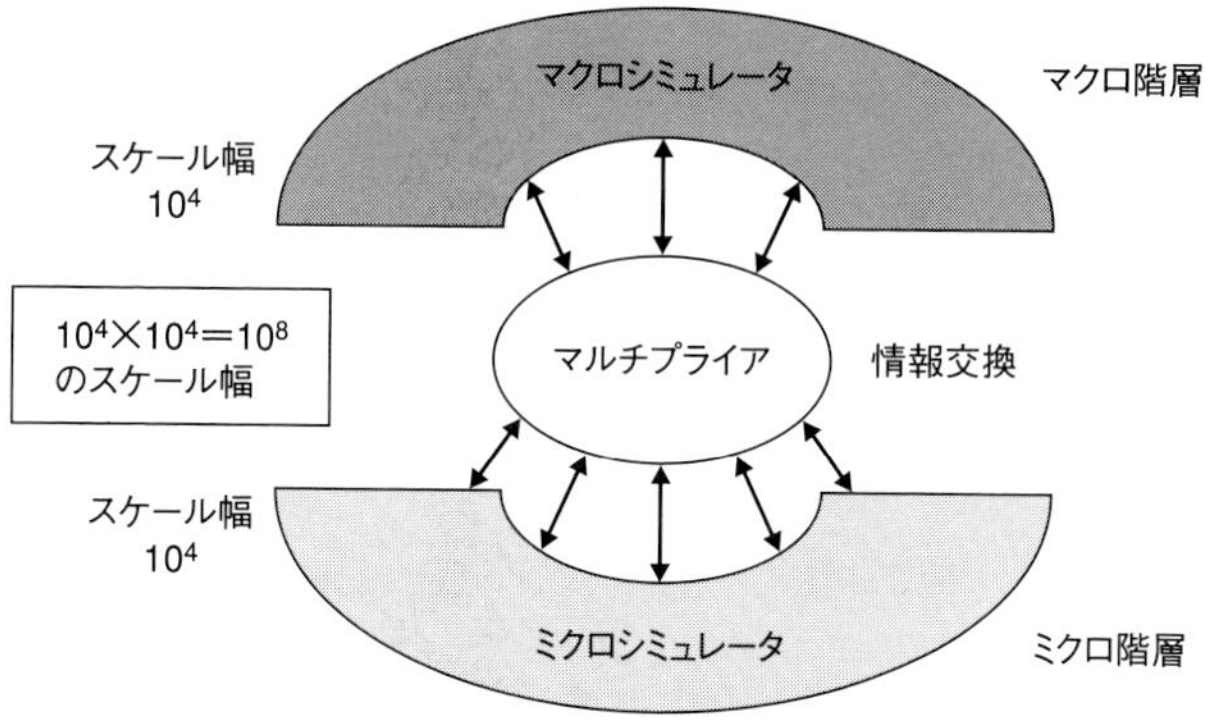

図 3-10　マクロプロセスとミクロプロセスの共演をシミュレーションする連結階層シミュレータのアーキテクチャ（Sato, 2005）

雲の形成がある。雲形成のプロセスは海水表面から蒸発する水蒸気が主要成分であり、上昇するにつれ、上空に浮遊するエアロゾルなどの高分子化合物に凝結して成長し、それらの粒子同士が衝突融合してさらに大きく成長していく。そして直径一㎜ほどに大きくなると、重力によって海上や地上に落ちていく。これが雨である。海面から蒸発する水蒸気粒子の大きさは一㎛以下であり、上昇して成長する粒子は雨粒となって降るまでは上昇気流と釣り合って上空をふわふわと漂っている。これが雲である。雲形成は10^{-7}〜10^{-3}mのスケールのプロセスである。一方、地球の全周長は約4×10^{7}mであり、全スケール幅は10^{14}である。したがって、全地球的な気象・気候予測を一つの枠組みでシミュレーションすることは絶対に不可能である。そのために、これまでは伝統的に雲形成物理（10^{-7}〜10^{-3}mのスケールの）プロセスを解かずに、物性定数のように、たとえば、雲をマクロ格子点上での降水量というパラメターで与える簡便法が用いられてきた。当然のことながら、この簡便法は気象・気

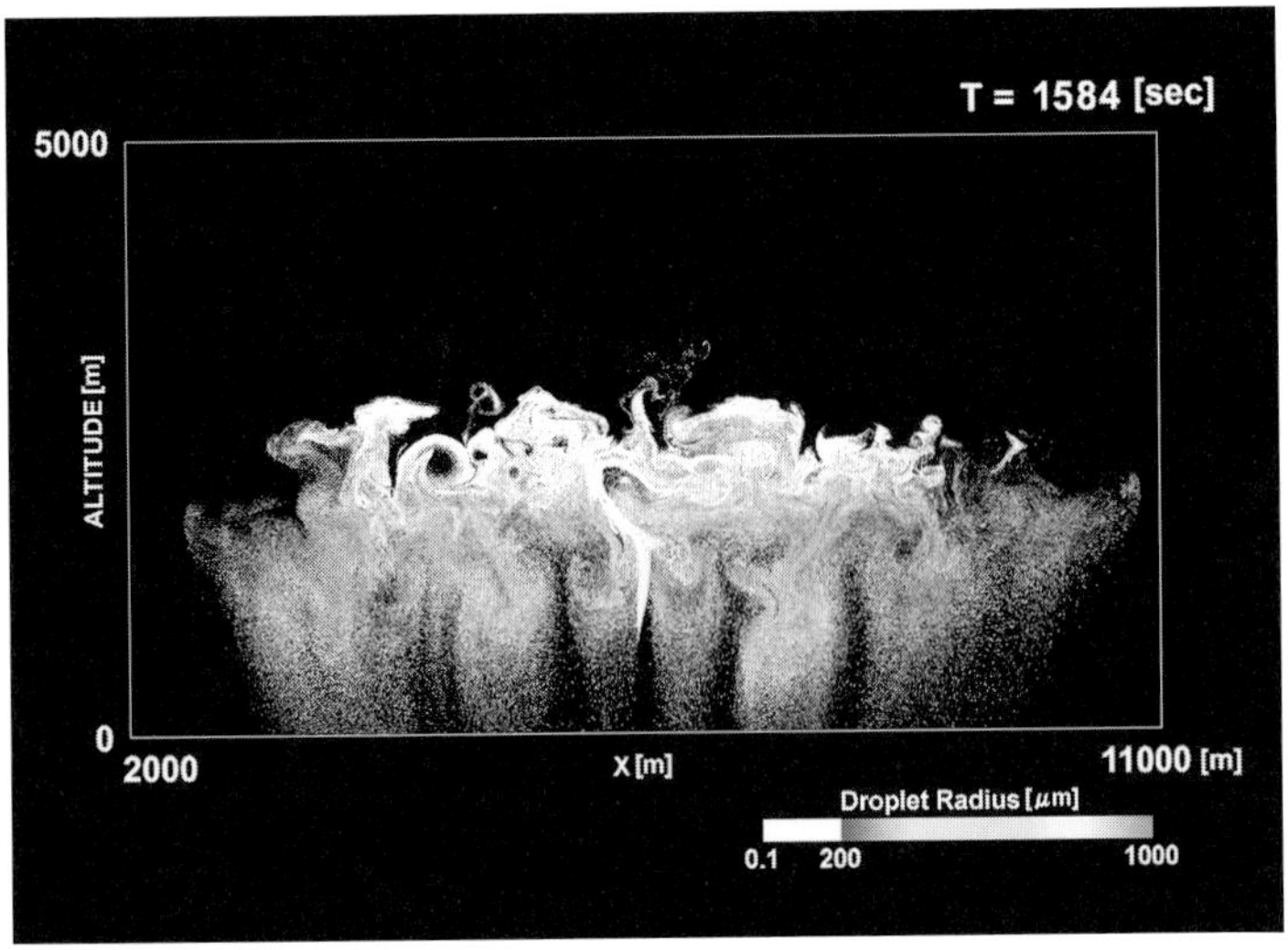

図 3-11　大気の上昇気流と雲と雨の形成プロセスを連結階層シミュレーションした例（島伸一郎提供）

候予測に大きな曖昧さを残す。

信頼のおける予測には、雲形成の物理プロセスを正しくシミュレーションすることが必要である。雲形成に限ればスケール幅は10^4程度であり、物理プロセスも既知である。したがって、十分物理シミュレーションが可能である。しかも、全マクロ格子点上で精緻なシミュレーションをする必要はない。平衡に近い状態の場所では従来の簡便法（パラメター表現）でよい。強い非平衡状態にある格子点、あるいは、日本に上陸しそうになった台風の目の領域（異常低気圧）の格子点に限って雲物理シミュレーションを厳密に行えばよい。地球シミュレータセンターの島伸一郎研究員は、雲・雨形成超水滴アルゴリズムを新たに開発し、マクロ対流シミュレーションと組み合わせた連結階層シミュレーションに見事に成功している（図3–11）。

最後に、地震破壊に挑戦するための準備としての連結階層シミュレーションの例を紹介する。地球シミュレータセンターの廣瀬重信グループリーダーは、二つの弾性体を衝突させ、二体が接触した段階からその近傍のすべり摩擦をMDシミュレーションによって追跡し、得られる動的粘性率を弾性体シミュレーションに戻しながらマクロ–ミクロシミュレーションを続行していった。その結果、衝突圧縮が強くなると接触面で結晶融解が生じ、粘性に相転移が起こり、従来のパラメター（粘性）で表現する方法が破れる実例を如実に示した。この最後の例は、地震発生機構の連結階層シミュレーションの可能性を示唆しているといえる。

まとめ

地球シミュレータの丸ごとシミュレーションによって自然災害の未来予測が現実性を帯びるようになり、また、産業界における丸ごとシミュレーションによる新材料・新製品の設計・開発に対して格段の高効率化が見込まれるようになった。米国では次々と新しいアーキテクチャのコンピュータが開発され、日本においても、やっと次世代コンピュータの開発へと突入し、神戸に設置されることが決定した。いよいよシミュレーション研究も観測・実験研究と相まって、個別非線形現象を解明するという第三の研究法から飛躍し、第一の研究法として、科学技術の新たな科学パラダイムを開拓する時代に突入していく時が到来したといえる。

地球内部シミュレーション研究は、気象・気候シミュレーションに比べ伝統が浅く、新参であるが、シミュレーション研究においては、伝統がないことが幸いである。伝統は決定的欠陥がない限り、部分改良はするが、全面改革を拒み、伝統的なコードを伝承し続ける。したがって、継承者は自らの手で一からアルゴリズムを考案し、コードを開発する能力を培うことを忘れてしまう。これに対し、古い伝統を持たない分野は、優れたシミュレータが用意されると、自らの手で一からコード作りを行う。したがって、与えられたシミュレータを最大限有効に利用し、目的達成に向かって全力を注ぐ。自らがコード作りの技術を身につけているがゆえに、コードの改訂、斬新なアルゴリズムの開拓に抵抗なく立ち向かうことができる。シミュレーション研究の革新的な発展の基本は、自らが自由自在にコード作りを行い得る技術を身につけていることである。常に、新しいシミュレータに出会えば、一からコードを作り直す意欲を持ち続けることがシミュレーション研究にとってもっとも肝要である。地球内部シミュレーションを取り巻く環境はこの条件を満たしている。
（6）節で示したように、地球内部シミュレーション研究の中から世界を先導する新しいアルゴリズムが生まれつつある。また、地球シミュレータの丸ごとシミュレーションを可能にした経験は、地球シミュレータセンターを核として、連結階層シミュレーションという斬新なコンセプトを世界に先駆けて生み出し、その実現可能性を実証した。
このような背景と環境に恵まれている日本の地球内部シミュレーション研究者は、世界のシミュレーション界のＣＯＥとなる可能性を文句なく有している。

二一世紀に入るや否や、地球シミュレータという「コンピュートニク」が日本に出現したことは、日本の地球内部科学にとって正に「天の声」であった。また、地球内部シミュレーション研究にとって、第2章で述べられた「地球テレスコープ計画」や地球深部探査船「ちきゅう」による地殻探査計画が進められるということは、シミュレーションの初期条件・境界条件を高精度の観測データから提供されることを意味している。いうなれば、これは正に「地の利」を得ていることを意味している。さらに、地球シミュレータ計画の出発と同時に結成された地球内部シミュレーション研究コンソーシアムは、日本の研究者が一丸となって意志の疎通をはかる場であり、「人の和」を醸成する場であるといえる。このように日本の地球内部シミュレーション研究は、今、天の声、地の利、人の和の三条件を得ている。大きく前進しようとしている楽しみな分野である。

参考文献

Li, J., Sato, T. and Kageyama, A. (2002) Repeated and Sudden Reversals of the Dipole Field Generated by a Spherical Dynamo Action. *Science*, **295**, 1887–1890.

Sato, T. (2005) Macro-Micro Interlocked Simulator, J. Physics: Conference Series 16, SciDAC2005, **16**, 310–316.

佐藤哲也（二〇〇七）未来を予測する技術、ソフトバンク新書。

第4章

地球科学の新しい展開と予測科学

地球システムの理解のために

鳥海光弘

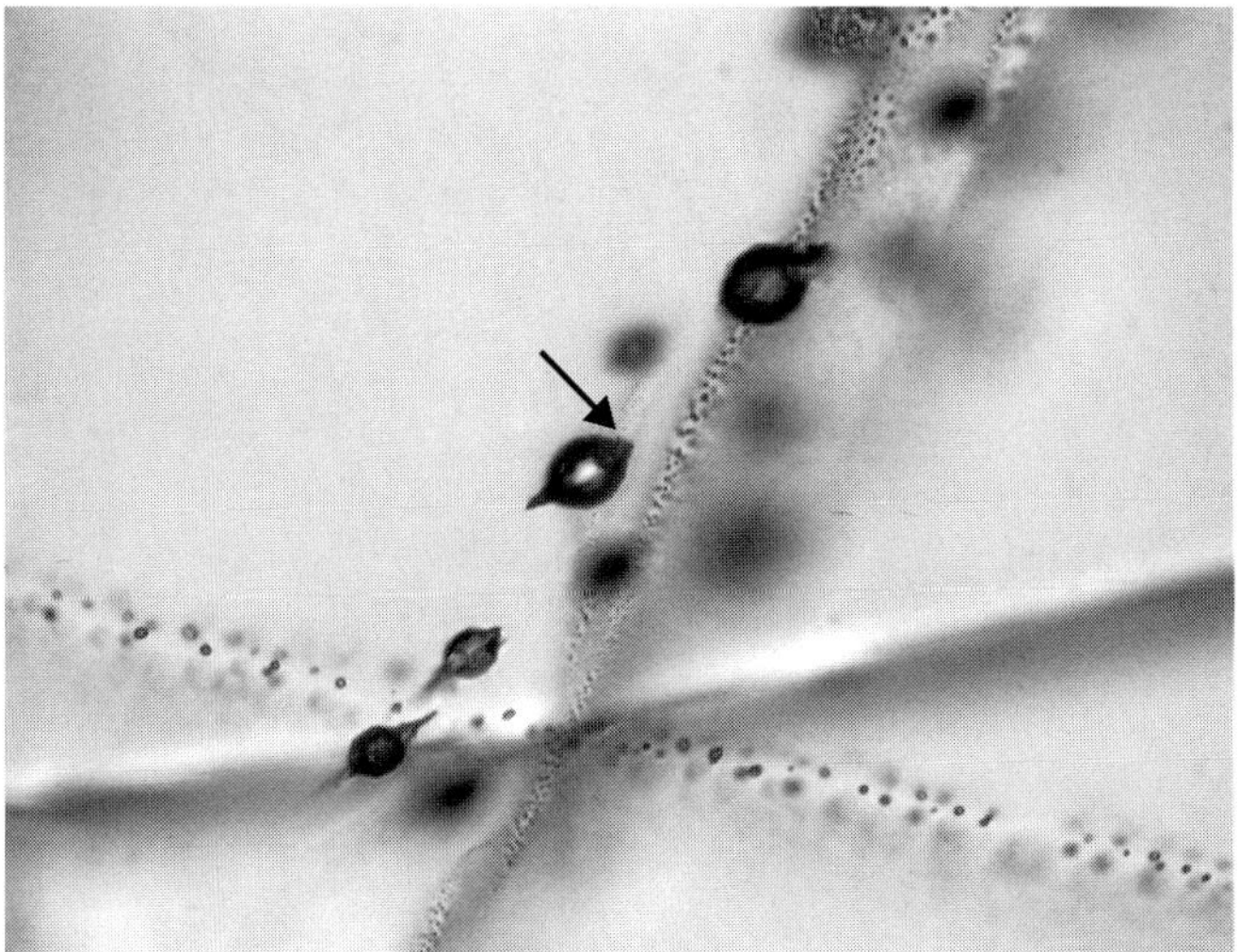

日本で初めて発見されたダイヤモンド（144頁参照；Mizukami *et al.*, 2008）
矢印先の球形部分がダイヤモンドを含んだCO_2の気泡.

（1）フォワードモデリングと地球観測の高度化

本書のこれまでの章では、地球の中が縮んだり、伸びたり、または捩れたりして歪みがたまり、そして限界になって急激なずれができること、つまり地球の中にそうしてできてしまった傷が多数あること、そしてその傷は日本列島のようにプレート境界に集中していることが述べられた。それだけでなく、マントルが部分的に融けていることもわかってきた。それはぽっかりとマグマのかたまりとして浮かんでいるのではなく、砂の中の海水のように、鉱物の隙間をうめて存在しているのだ。こういう姿がやはりプレート境界の火山列島の下に見えてきたのである。

そのような地球の中の構造が、どのようにして地震や火山噴火へといたるのだろうか。そのダイナミクスが問題なのである。たとえば断層がたくさんある日本列島の地下では、プレートの動きにつれて次第に歪みがたまるのであるが、断層で囲まれた地域が歪み、それが限界に達すると一気に断層がすべる。断層がどれほどの歪みまで動き出さないか、その限界は、圧力、温度、岩石に含まれる水の量などによって大きく変化する。また、それらの性質は時とともに変化する。そこで一つ一つの断層の動きが大変複雑な動きとなるのだ。

問題はそこにある。一つ一つの断層の動き方は今までの地震学や地質学の方法で観測できる。ところが、それらの一つ一つの動きはどのように連携しているのか、そしてどのように変化しているかを観測するのが難しいのである。残念ながら地球の中のマグマや岩石の変化する様子を見るのには、地震波や電磁波などによるＣＴスキャンの手法はあまり有効ではない。なぜなら、これらの手法は地殻やマントルの今の状態はどうなのか、という状態をイメージ化することには大変有効なのだが、状態がどう変化しているのか、マグマや水が流れる速さや量はどのくらいか、を見るのには適さない。そして、一番の問題は、知られていない要因や法則を探れるか、ということには、もっと別の手法が必要なのだ。

では、地殻やマントルの状態がどのように時間変化するかを調べればどうだろうか。確かに、地球の変動はゆっくりした動きと速い動きが重なっているので、数年の間隔で地殻やマントルの状態を比較してみれば、変化の仕方やその原因をとらえることができるかもしれない。十勝沖の反射法地震波探査の結果、三年間で驚くほど大規模な水の移動が認められたのがその一つの例だ。もしもそのような地球内部のリモート調査を時刻を変えて何回も行うことができると、地球内部の動きや挙動を支配する法則を明らかにすることができそうだ。だが、技術的なこともあり、何度もそのような大掛かりな調査はできないのが現実だ。そこでもう一工夫が必要となる。それはいくつか特定の場所に観測機器をあらかじめ設置しておいて、そこで必要な信号をいつもモニターしながら、状態を監視し、どのような法則で変動しているのかを診断しようというのである。ちょうど心臓病の患者にいつもモニターをつけてもらい、その信号から患者の状態とどのような原因で病気になったかを探ろうという方法と似ている。このような観測が始まりつつあるのは、第2章で述べた。

さて、地球の中で働いている法則には次のようなものがある。岩石を四角に切って片面を熱してみよう。すると岩石も熱くなる。そして反対側の面に温度計をつけて測ると、始めは低い温度であったのが、時間とともに温度は高くなる。これはよく知られている熱の移動である。ただ時間とともにどのくらい熱くなるかは岩石ごとで違う。また、岩石を押すと縮む。その縮み方はよくわかっていて、バネの法則が成立する。しかし、そのバネ係数は測らないとわからない。また、やや高い温度において、岩石に力をかけ続けると、ゆっくりとではあるが、流れるのである。むろん流れる速さと力の比は岩石や温度によって違ってくる。さらに岩石を高温で熱したり、圧力をかけると、もとの鉱物が変化して別の鉱物になったり、融解してマグマを作る。これは化学反応や融解の法則に従う。

このように、地球の中ではいろいろな法則に従ってさまざまな現象が起きている。岩石の状態は熱が伝わると変化するし、力が加わると歪んで変化してしまう。そして地球の中の状態が変化する仕方や熱の伝わり方、ものの移動の仕方も変化してしまう。つまり、いろいろな法則に従って起こっていることがフィードバックして関連しあっている。結果として、地球の中で起こっていることが大変複雑になるのだ。このような複雑な現象に対して一通りの法則に従った観測手法では、絡み合ったたくさんの現象をときほぐすことはできない。そうではなくて、関連している複数の法則性を取り入れたモデルを作り、そのモデルに実際の日本列島の地殻やマントルのわかっている条件を当てはめて、観測されるデータを予測する。このような観測するべき情報を予測する方法をフォワードモデリング、観または順解析法と呼んでいる。こうして予測された情報を、新たに観測されたデータと比較するような方法、つまりフォワードモデリングと観測を連携させることが課題なのだ。このようなモデルを作って予測することは、非常に大きな規模の超高速コンピュータの力を借りてようやくできるようになってきた。そして今後は、複雑なモデルをコンピュータの中に組み込み、たくさんの情報を与えて、その結果と観測とを比較することによって、モデルを新しく改善していく作業すらも、コンピュータの中で実行できるようになるだろう。

(2) 地球現象の多重な階層構造

地球の中では何か複雑な現象が起こっている。地震や火山噴火など短い時間で起こる現象も、毎度毎度違う様子で起こるから、何やら複雑そうに思える。たとえば関東大地震が一九二三年に起こった。それより前の大地震は元禄時代の一七〇三年に起こっていた。すると次の関東地方の大地震は二一四三年まで起こらないのかというと、そうは言えない。プレートが一定の速さで日本列島の下に斜めに沈み込み、一定の割合で歪みがたまって、ある瞬間地震が起こるということだとしても、水が移動したり、暖められたり、鉱物が化学反応して、プレート境界の岩石を変えてしまうことが同時に起こっていて、それがまた地震の発生に影響を与えてしまうのである。前に述べたようなフィードバックシステムが働いているのだ。

複雑さの原因は、一つにはいろいろなプロセスがいろいろな法則に支配されて起こり、それらの結果が再び運動に影響を与えるからであるということが、複雑性の科学からわかっている。つまり不安定なフィードバックシステムだからなのである。また、前に起こった地震がその後の歪みのたまり方やプレート運動に影響を与える動き、つまり過去の履歴が後の運動に強く影響してしまう場合も、大変複雑な動きとなる。前者の場合は多数のプロセスが絡み合って起こってしまう複雑さであり、後者の場合は一つのプロセスでも過去の履歴が不安定な変化を引き起こすような複雑さである。地球の浅いところからマントルの深部にいたるまで、これら二つのタイプの複雑さがいつも重なって現れ出ているのだ。

地球の現象が複雑となってしまう理由は、地殻やマントルの現象が持っている階層的な性質にもある（図4−1）。地殻やマントルの岩石は微細な〇・一㎜から一㎜ぐらいのいろいろな種類の鉱物が集まったものである。鉱物の粒子は、マントルや地殻で運動があると、温度や圧力が変化し、変形や破壊と化学反応を起こし始める。このとき吸水と脱水を起こす。ちょうど磁器や陶器を作るとき、粘土を一〇〇〇度ぐらいで焼くと反応して水を放出し、別の鉱物となるようなことと似ている。またプレートが沈み込むことで、岩石に力がかかり続けると、その中の鉱物粒子がゆっくりと固体のまま変形し始める。そのような鉱物粒子をミクロに見ると、原子のずれを起こしているのがわかる。その変化は遠くから眺めると、地殻やマントルの流れとなるのだ。プレート運動というのは地殻やマントルのマクロな流れだが、ミクロな階層では鉱物粒子の中の原子のずれで、それぞれまったく違う法則に従

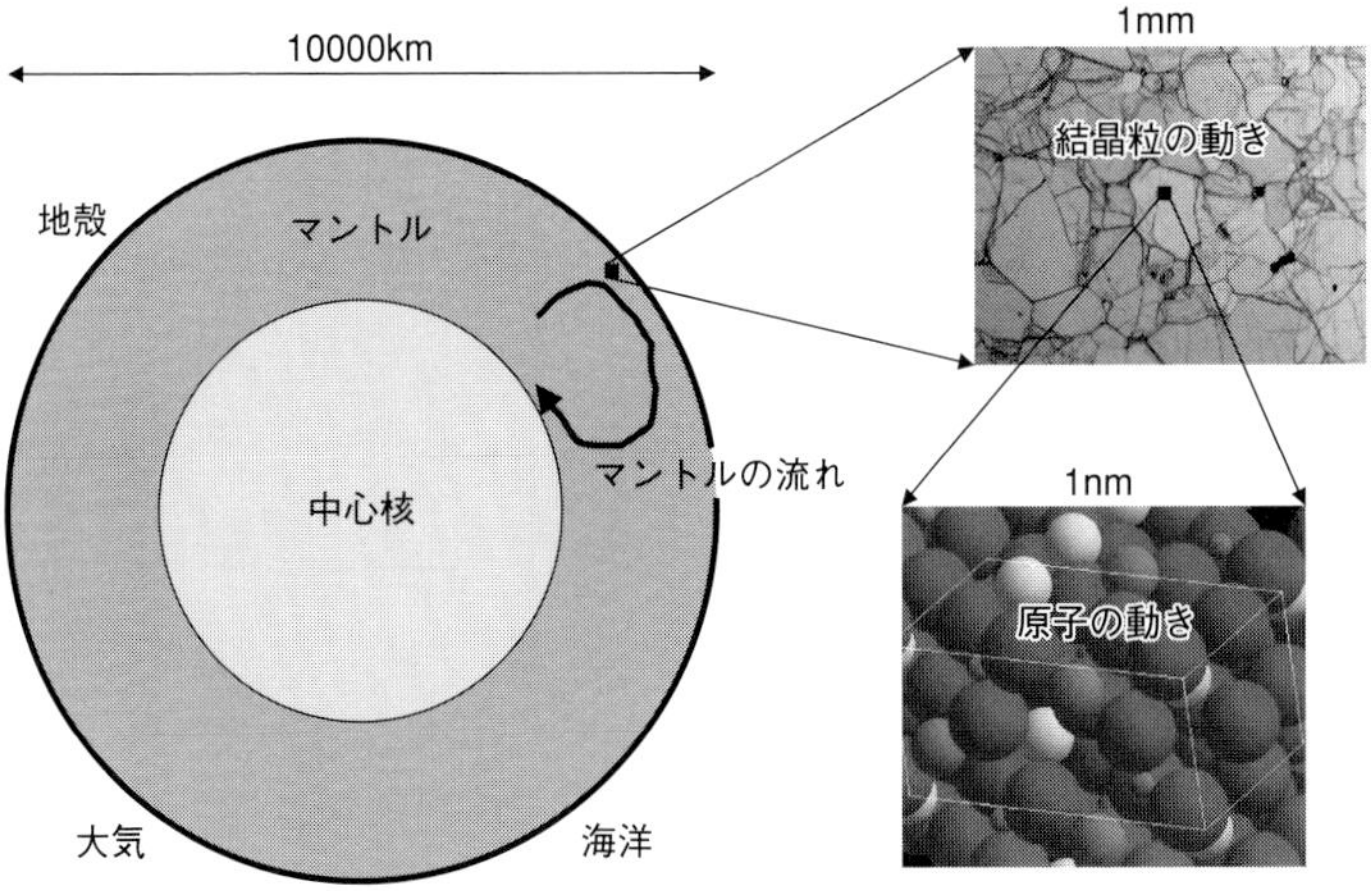

図 4-1　地球システムの階層性

地球内部の地殻やマントルは破壊したり，流動したりしている．それらはミクロに見ると1㎜程度の鉱物粒子が変形や破壊そして化学反応を起こし，さらにナノスケールでは原子が振動している．

っている。つまり、階層的となっている。

複雑な現象はミクロの要素が規則的な構造を作ることで起こることが多い。たとえば、岩石の中の鉱物が一方向に並ぶと、地震の伝わり方やすべりの摩擦などは方向によって違ってくる。このような構造は、プレート運動に伴う地殻やマントルの流れによって一つ一つの鉱物の粒子が変形して回転を起こし、次第に方向がそろうことが原因だ。つまり、プレート運動のように、広い範囲に働いている力が、岩石の中に局所的な力を作りだして、その構造を変化させるという図式なのだ。このような地殻やマントルの複雑な挙動というのは、スケールの大きな動きが、小さい要素の構造をいろいろに変化させることによって、もとの大きな運動を少しずつ変化させてしまうことが原因なのである。

地球のいろいろな部分が階層的となっていて、

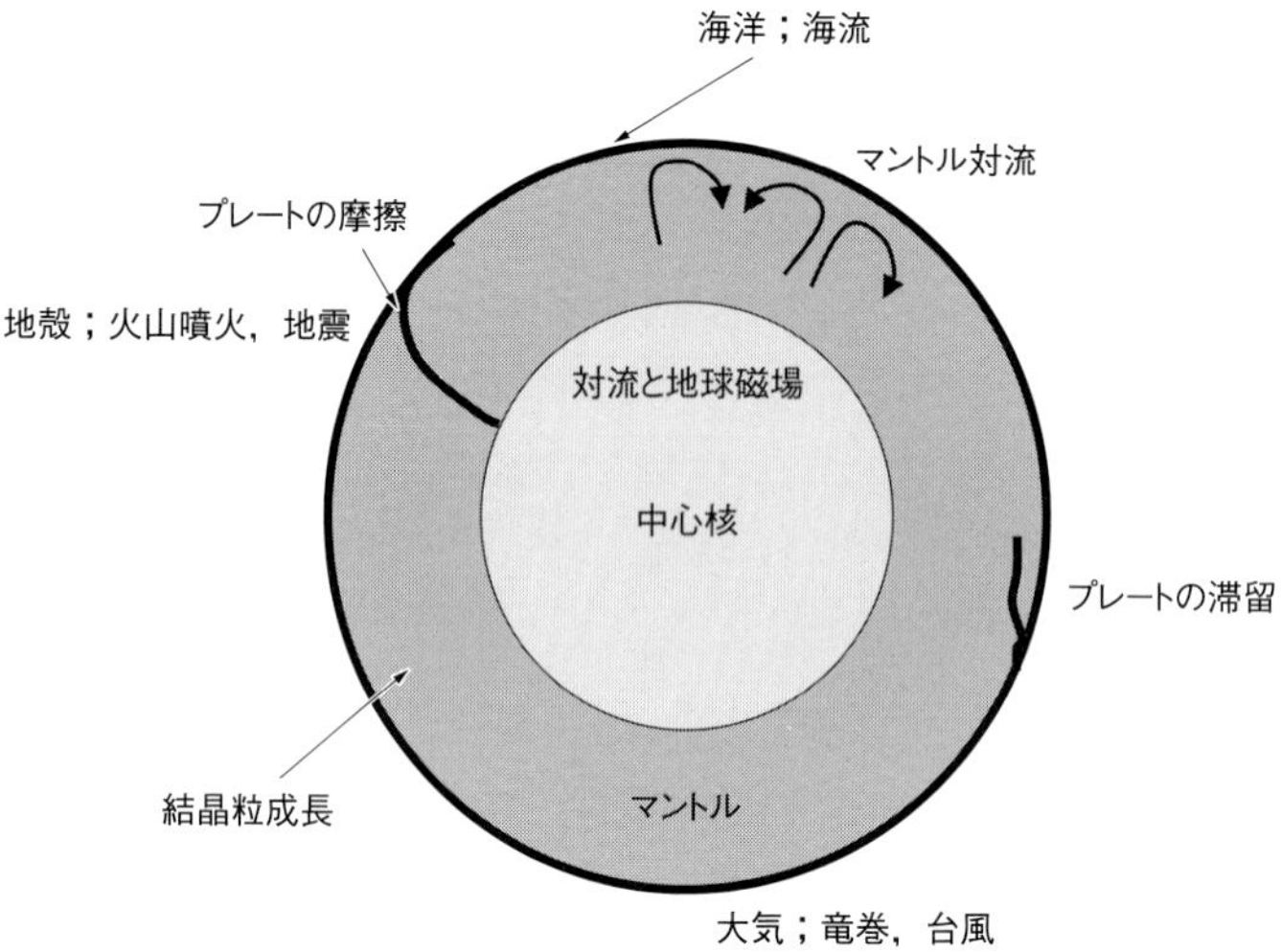

図 4-2　地球システムの挙動はいくつかの法則が重なって新しい構造を作る非線形性を示し，複雑な現象となる．この図は代表的な非線形性を持つ現象を示した．

それらが複雑に絡み合ったシステムとなっているため、その動きを観測するときに、互いに何が関連し合っているのかをつかむのはたいへん難しい。ここに見られる複雑さの本質は、いくつかの異なる動きの重ね合わせが、単にそれらの足し算ではない、別の動きを起こさせることにあるのだ。これを事象の非線形性と呼ぶ。地球変動の複雑さはここにある（図4−2）。

地球の階層性というのは別の面でも現れる。地球のマントルは対流運動を起こしている。マントルは連続しているので、たとえば日本列島の下で熱いマントルが上っているとき、それは連続的にユーラシア大陸の下のマントルや太平洋の下のマントルの流れにも影響を与えるのである。要するに全体としてつながっていて、運動するとき、波として伝わるような動きと、水のように流れてしまう動きがあるのだ。マントルだけでなく地殻でも似たような動きをしているが、地殻の場合には深さがたかだか三〇㎞なので、あまり遠くまで動きが広がることはなく、たとえば日本列島ぐらいの範囲で流れが伝わることになる。

一〇〇～一〇〇〇㎞ほどの範囲のマントルや地殻は、いろいろなサイズの岩石体からなっている。たとえば関東地方の地殻には、丹沢山地の花崗岩体もあれば、日立地域の変成岩と花崗岩、関東平野の砂や泥および火山灰などの地層もある。その下には変成岩などがある。このように地殻には違った性質の岩石体が一㎞から一〇〇㎞ほどのサイズで組み合わさっている。つまりマントルでも、いろいろな岩石が組み合わさっていることがわかったのである。最近の研究ではマントルも均質なものでは決してなかったのだ。いろいろな岩石では、性質が同じならば問題がないが、破壊の強さや摩擦、融解する温度、熱や地震波の伝わる速さなどが大きく違っている。したがって、できるだけ詳しく不均質な構造を取り込まないと、本当に地下で何が起こっているかが見えないのだ。

（3）地球観測とフィードフォワード逆解析

いつも違った顔を示す地球システムの複雑な変動は、どのようにしてとらえられるのだろうか。プレート境界に焦点を当ててみよう。プレート境界で起こる地震は、地殻やマントルの破壊現象である。それはプレート運動のゆっくりとした動きに重なって、急激な岩石のすべり運動が起こる複雑な現象だ。プレートの沈み込む境界部では岩石の脱水や吸水が起こる。岩石は隙間ができると水を吸い込み、隙間が閉じると脱水する。また、岩石がプレートの運動に伴って沈み込むとき、温度や圧力が次第に高くなるので、鉱物などが化学反応を起こして水を吸収し、さらに高くなると吸収した水を脱水する。隙間の発生と消失の速さや、脱水反応と吸水反応の速さは、プレートの速さや、境界部分の岩石の歪みなどに相互に関連し合っていて、複数重なっているのだ。これを多重な関係と言おう。多重ということは、いくつかの過程が同時に起こり、しかも別の過程へと引き継がれるということである。

プレート境界で、たくさんの割れ目が作られ、割れ目を通る水の移動が促進されるとともに、岩石の破壊がより一層促進され、鉱物の脱水反応または吸水反応がうながされる。一方、プレートの深部では、水を含んだ鉱物が脱水し、その水がマントルにしみこんで、マントルが融け始める。これらの過程がプレートの沈み込み運動を促進する場合と抑制する場合がある。プレートの一部が吸水すると、水を吸ったプレート自体が軽くなり、沈み込む動きが抑制される。深いところでは圧力が大きくなるので、密度の大きい鉱物に変化したプレートがその沈み込みを促進させる。また地殻やマントルの広い範囲に働く歪みで、海溝斜面の傾斜がきつくなり、海底の斜面にたまった堆積物が不安定になり、海溝へ運ばれる。このように、プレート境界ではたくさんのフィードバックシステムが見られる（図4―3）。

ところで、こうしたたくさんのフィードバックシステムが働いている現象を探る方法には、順解析と逆解析がある。順解析は前にも述べたように、フィードバックシステムに働いている法則に、調べたい地域や地球の中の条件を当てはめて式を解き、観測されるようなデータを予測する方法であり、

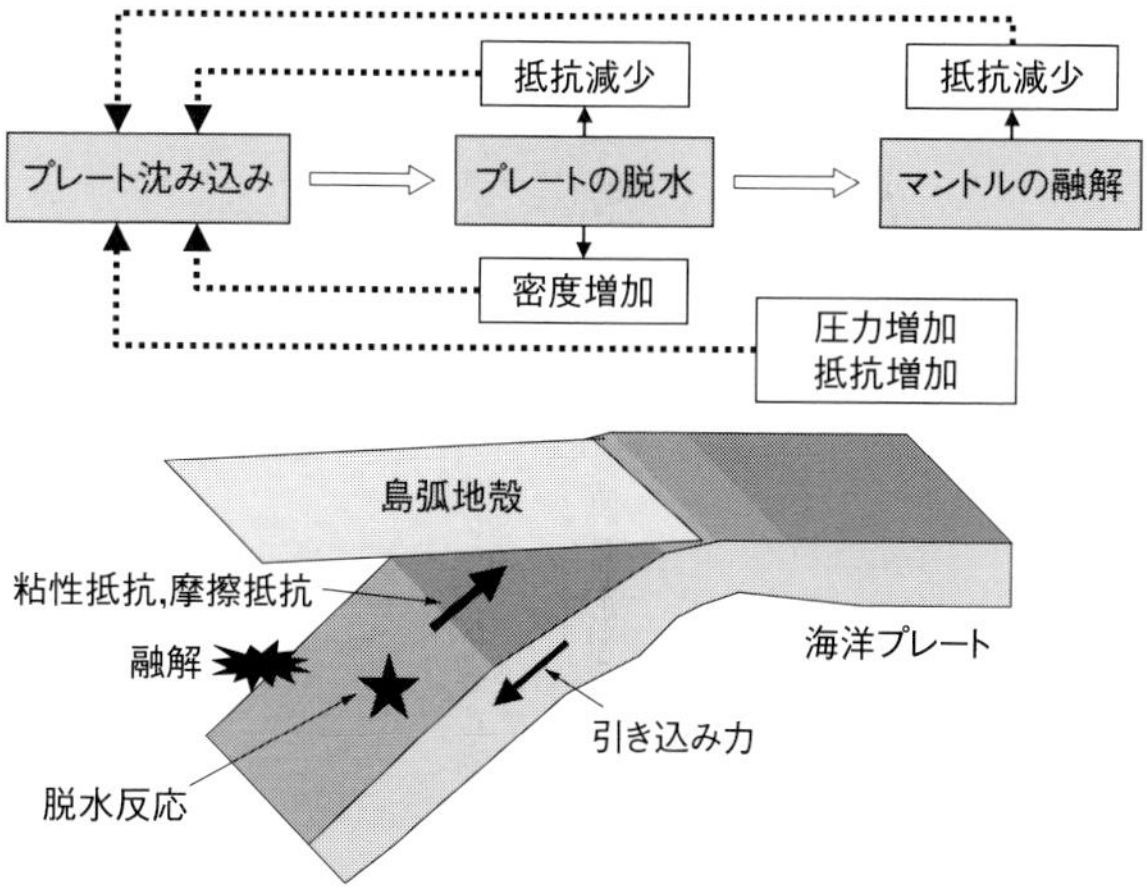

図 4-3　プレート境界におけるフィードバックシステムの例
日本列島に見られるプレート境界の挙動は，たくさんの過程がフィードバックシステムをつくっている．

フィードフォワード順解析とも呼ばれている。一方、逆解析はインバージョン解析と呼ばれ、システムに働いている法則から、観測する量と、地震波の速さのように、ある地域や地下の状態を表す量との関係を作り、その関係を用いて、観測されたデータから、地域や地下の状態を探るという方法である（図4-4）。

さて、問題は、地下の状態を探るだけではなく、多数の関連し合ったシステムを支配している法則や、それらの挙動をどう解読するかが発端だった。たくさんのフィードバックシステムが働いている、複雑なシステムの挙動を解読することは、時間とともに変化する状態をも探ることなので、たくさんのパラメターを持つモデルから接近することが一般的な道筋である。それは仮のモデルを作って、観測したデータに合わせていくのでシステムインバージョン、または逆システム学と呼ばれる。つ

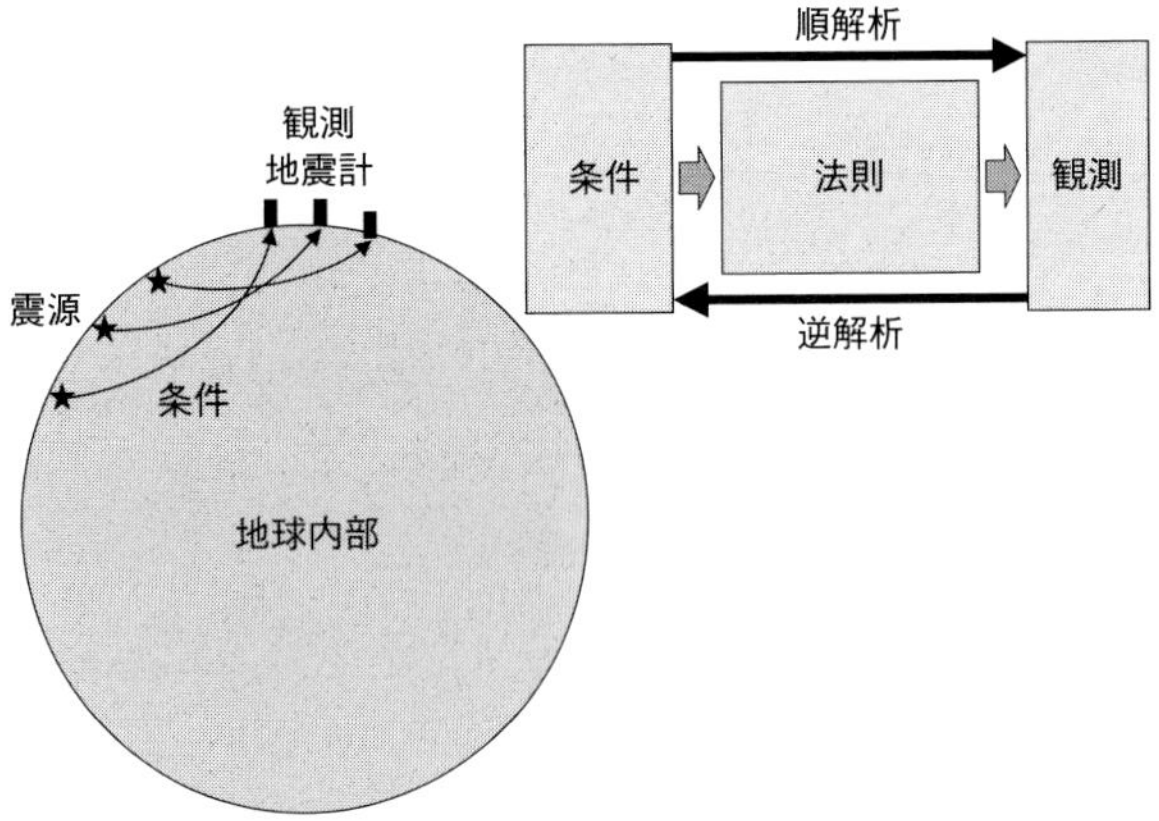

図 4-4　地球科学では観測とモデリングとは密接に関係していて，観測から地球の中の状態を探ることを逆解析，逆に地球の中の状態や初期条件を仮定して法則に従って観測量を導き出すことを順解析と呼ぶ．

まり、たくさんのフィードバックシステムの結びつきをパラメターのセットとして仮に与え、その結果予測される情報と、実際に観測されたデータとの比較から、地下の状態だけでなく、パラメターのセットを順次変更して、最適なセットを決めていくのだ。つまり、普通の逆解析と違うのは、複雑なシステムに働いている、たくさんのフィードバックシステムのうち、実際に強く影響を与えている法則性をも、システムの状態とともに求めようという点にある。この方法はフィードフォワード順解析と逆の関係にあり、フィードフォワード逆解析、またはフィードフォワードインバージョンと呼んでいる。

フィードフォワード逆解析法は、全地球の大気の動きをモデル化して、時々刻々観測して得られる気象のデータを、始めの全地球気象モデルに入れ、システムモデルを改善するという方法、つまりデータ同化法に似たものだ。ただ、固体地球では時間スケールが大きく、また空間的にも結晶のレベルから地殻やマントルという大きなスケールまで、階層の違う法則を連結する必要があり、法則に基づいた予測計算、つまり、フォワード解析によるシミュレーションが、不均質な地殻やマントルの適切なパラメターを正確に模写して行われないと、それから求められた情報を自然の観測データへフィードバックして解析することはできない。前の章で述べられた高度なシミュレーション科学は、ここでも大きな支えとなる。しかし、ここで紹介したようなフィードフォワード逆解析法は、まだそのきちんとした体系ができているわけではない。それは、地球のような巨大で複雑な挙動を示すシステムがどのような状態にあって、いろいろな階層の間に働いている法則を、どのように明らかにするかがまだ手探り状態だからだ。

ところで、岩石には、すでに触れたように鉱物が規則的に並んだり、水やマグマが詰まっている割れ目が並んでいることが多い。そのような岩石を伝わる波は、並んだ方向には速いが、それと直角方向には遅い。そして横波は二つの方向に分裂し、それぞれ違った速さで伝わることがわかっている。ちょうど方解石の透明な結晶板を本の上に置くと、文字が二重に見えるのと同じ性質である。この性質を使うと、地球の内を通過する波が二つに分裂して、速く届いた波の振動する方向に平行に割れ目が並んでいるということがわかり、またその鉱物の並びの強さを決めることができる。

こうした方法で日本列島の地下のマントルを調べると、海溝に近い部分では南北方向に速く、陸域下のマントルでは東西方向に速い方向を示した。これはマントルのカンラン石の並び方が違うのだと思われている。実際、鉱物の変形実験を行うと、水の含有量が少ない場合と多い場合では、鉱物の並び方がほぼ直交するくらい違っていたのだ。つまり、地震の波が通過する様子からマントルの状態を求めることと同時に、実験室での研究とつなげて、そのような状態を作り出すマントルのダイナミクスをも知ることができる。こうしてマントルや地殻の内部の動きや変化を支配している法則を実験室や理論的なモデルから作っておいて、それを観測したデータの解読に用いることができる。

マントルの深部は、深部宇宙とともに研究のフロンティアである。われわれの知らない現象や法則が働いているに違いない。実際、ごく最近の超高圧実験で、マントルの底にはこれまでわれわれが知らなかった結晶が安定に存在しており、それがマントルと核との間で物質や熱のやり取りをしていることがわかった。いままでは、下部マントルはすべて同じ結晶の集まりだとして逆解析していたのである。今後は新しい結晶の性質とその振る舞いをフィードフォワードモデルとして組み込んで、観測データを解読することになる。

たとえば、新しい結晶が柔らかく流れやすい、つまり粘性が小さいと、それと接する核の活発な流れに引きずられ、マントルに運動を伝えやすくなる。そして、マントルの底を伝わる地震波を逆解析して、その流れの強さや向きを読み取ることができるのだ。今後の逆解析は、このようなモデルの挙動を使ったフィードフォワード解析が主要な方法になると期待される。

（4）時系列とフィードフォワード逆解析

時間変化を示す地球現象の法則性を、観測データから解読するという逆解析には、観測を狭い範囲と小さい時間間隔で精密に行うことと、そのような一組の時間変動つまり時系列データを多数の場所からとるのが大事なことだ。地殻の状態の時間的な変化がどのような法則に支配されているか、地震の波がどのように伝わるか、という場所ごとの状態の違いを調べることとは随分違う。その解読の方法には二通りある。一つは、地殻やマントルの状態の変化を、いくつかの観測所での信号の時間変化から調べる方法である。二つ目は、地下で起こっている変化を実験室で得られた法則に基づいてモデルで表し、そのモデルの大事な要因を観測された時系列データから決める方法だ。これらを時系列逆解析と呼ぼう。

時系列逆解析と呼ぶ方法には、地震による揺れの起き方が、震源からのいろいろな方向で違うことを利用して、地震破壊がどのような断層を作ったかを決めるものがある。たとえば二〇〇〇年に起こった鳥取県西部地震を見ると、その震源から北と南の方向にある観測点では始めの動きは南北方向であるが、東と西の方向にある観測点では、始めの動きは東西となる。そこで鳥取県西部地震は震源の位置で地殻がほぼ垂直な断層で左ずれのすべりを起こしたものであると言えた。このように、場所による地震の波の違いと、観測点でどのように地震の波が時間変化するかをまとめて見ると、震源で岩石がどのような方向で、どのように破壊したかを決定することができる。さらに、いろいろな地震の波の様子をうまく再現するような断層面の動きをモデル化すると、ところどころ引っ掛かりながら断層の運動が起こったことが示される。これなどは地震の波を、いくつかの波を重ねた結果と見て、それを時系列の信号として解読するのである。

地球の中で起こるさまざまな現象は、たくさんのフィードバックシステムが、階層を越えてつながっているために複雑になっているのだと述べてきた。こうした複雑な現象は、しばしば、わずかな条件の違いが予測不能な事態を作るカオス的なシステムを含むことがある。このようなカオス的な現象を含むときには、時系列上のいろいろな情報、たとえば小さな地震の頻度などは、一般的な統計の方法、たとえば自己相関や周期性を調べてもあまり有効ではない。そのような複雑なシステムの場合には、時系列上の量を、時刻をある時間ずらした量との間の関係を見ることによって、ときとして劇的に法則性が現れることがある。この方法は埋め込み法と呼ばれているもので、そのような時刻をずらした観測量と元の量との間にきれいな関係があれば、それをアトラクターと呼び、いくつかの重なった法則性を示すことがわかっている（図4-5）。

時系列に沿って観測できるものにはどのようなものがあるのだろうか。地殻の中の現象なら、地表の観測点で測る地下水の水位やその中のメタン、二酸化炭素、アルゴンなどの成分量の時間変動や、地震活動や、ＧＰＳで測る高度や位置変化もある。地下から出てくる熱量や磁場の変動などもあろう。そうした時間的な変化を地殻内で引き起こす現象をいくつかのモデルで表し、時間変動、つまり時系列に潜む情報を引き出すのだ。それがフィードフォワード逆解析で、モデルに仮に使われたパラメタ

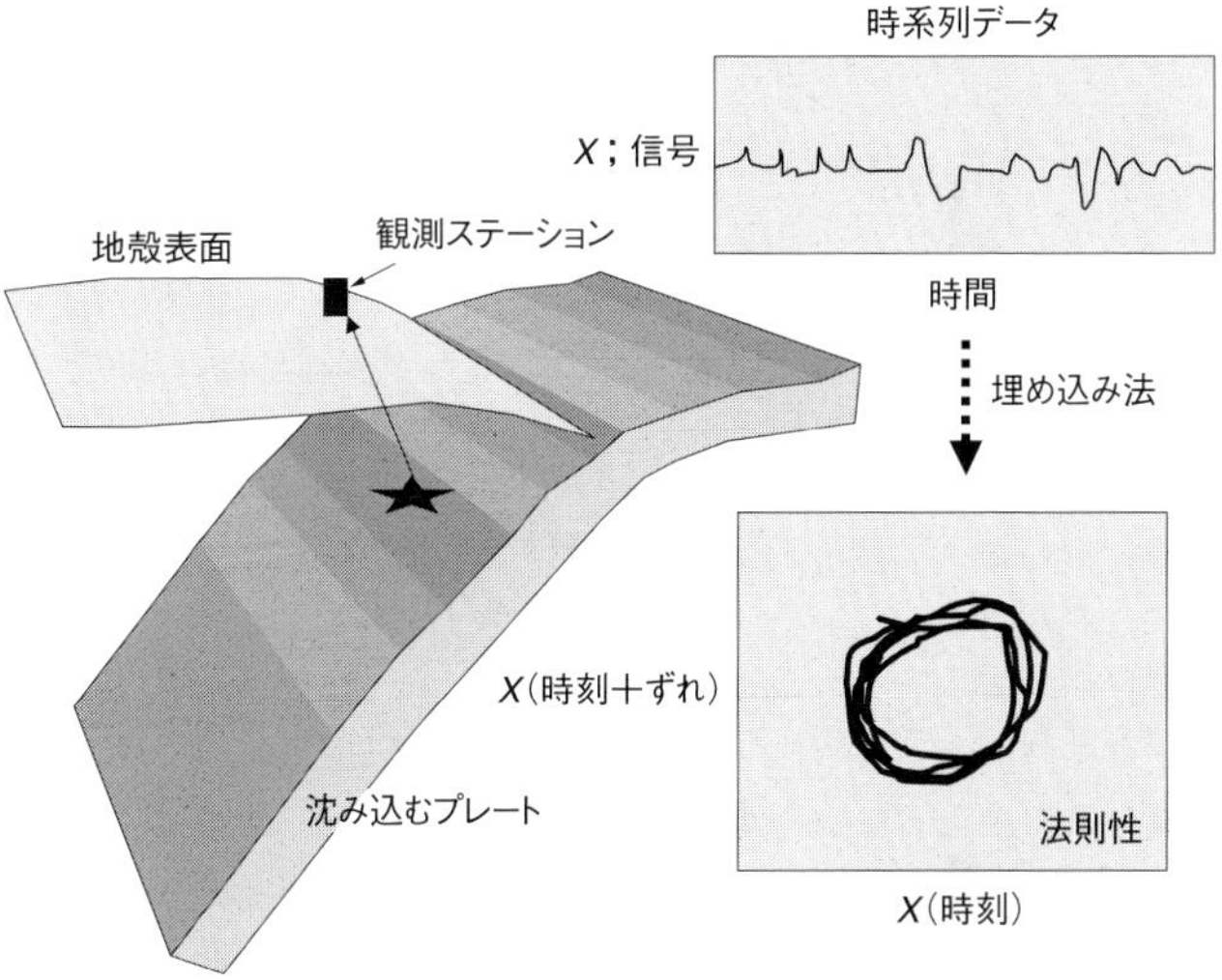

図 4-5　地球システムの時系列解析は複雑な現象の埋め込み法が使われる．時間のずらしの長さによってきちんとした法則性が見られることがある．

ーを観測データや時系列を使って適切な量に順次置き換えていくのである。これをデータ同化ともいう。データ同化することで、始めのモデルから次第に適切なモデルへと進化することができるのである。

(5) フィードフォワード逆解析と予測観測科学

以上見てきたように、地殻やマントルで急激なすべりが発生するというできごとをどうイメージ化するかという問題は、できごとが起こる以前と起こった後の状態がどのように違うのかということと、その動きとの両方を描き出すことである。プレート境界の巨大地震が起こる前と後でプレート境界で何も変化がないというのは理に合わない。かならず起こった後と何かの差異があるはずだろう。しかし、現在までのところそれがわかっていないのだ。よく言われるような微小な地震がたくさん起こるというのはむしろ大きな地震の後だ。地形の変形が起こるというのもむしろ起こった後である。また巨大地震で強い地震波を出す部分は、むしろ発生以前はくっついていて動いていないのだ。

こうしてみると、未発見の地下の様子を表すことがらを探索しないといけないことに気づく。それは何だろうか。電磁気的な性質の違いに現れるかもしれない。特殊な波長の電波が発生するかもしれない。しかし今のところ確かな変化とはいえない。しばしば話題にのぼるような地震の前の鳥や魚たちの騒ぎ、雲の様子などはどう見てもいかがわしい。

もう一つ別の道もある。遠く離れていてしかも目に見えない地下で起こっているできごとを見るだけでなく、実際にそこにあった岩石体に残された記録を読み取り、それからモデルを作り上げるというやり方だ。かつてマントルやプレート境界にあって、いまは地表に広く出ている岩石がある。ビルなどの化粧板によく使われる蛇紋岩やカンラン岩などはマントルにあった岩石だし、変成岩は大抵プレート境界にあったものである。マントルにあった岩石であるカンラン岩からは、日本列島の地下のマントルがゆっくりと流れていたことや、ときどき割れて水などの流体が通過したこと、マグマが作られてだんだん集まる様子だけでなく、もっと深いところからマントルの対流に乗って風船のように浅いところへ上ってきた様子が読み取れることがある。一方、変成岩からはプレート境界で岩石が五〇㎞から三〇〇㎞もの深いところまで引きずり込まれ、温度も圧力も増加し、次第に水を放出する姿がイメージ化されてきた。そして、変成岩が地表に上昇するとき、水を吸収し、たくさんの割れ目が作られ、その隙間をつたって水が流れている様子が見出された。こうして、プレート境界できっと巨大地震を起こしたに違いないような、変成岩のいろいろな履歴がモデリングに生かされるに違いないだろう。

さて、話を少し変えてみよう。プレート境界の動きや、マントルの中の対流の動き、その中でのマグマの集まり、割れ目状に上ってゆき結晶ができていくイメージをもとにして、現在の日本列島の下に広がるマントルをＣＴスキャンした姿から、どのようなイメージを描くことができるのだろうか。ＣＴスキャンのイメージからは、上昇しているマントルの温度が高い部分の構造などが描き出せるだろう。ＣＴスキャンのイメージでも、深さ二〇〇㎞ぐらいから、うねりながら火山の直下にまで伸びた、温度が高いマントルが見える。これは上昇している熱いマントルであって、その中では平均的には一〜一〇％程度のマグマを鉱物粒子の間に持っていることが予測される。縦波と横波の速度の比を見ると、マグマが含まれているために、その比が大きくなっていたのだ。

さて問題はこのあとだ。熱いマントル部分が上昇しながら、マグマが集まり、割れ目を作りながらのぼってゆくというできごとが、どのように、そしてどこの部分でたくさん起こっているのか。その速さはどうだろうか。このようなダイナミックな地下の動きを描き出すことが、確かな噴火の理解につながるのだ。それはマグマが流れながら集まり、割れ目をのぼるときに特有な現象を見出し、その時間変化をつかまえることである。

この場合でも単純なモデルは立てられている。それはマントルの中で、マグマが鉱物粒子の間に入っているモデルだ。このような状態の場合、マグマの量が多いと、その部分のマントルは軽くなって上向きの浮力が発生する。そこで、その部分は周囲のマントルを押しのけて上昇し始める。ところがマグマは流体なので、遅いけれども鉱物の間を流れる。その流れの速さは隙間の量、つまりマグマの量が大きいと大きくなる。つまり正のフィードバックが働く。こうしたモデルをきちんとスーパーコンピュータでシミュレーションすると、ミクロなマグマドロップをたくさん含むマントル部分が孤立して動き、お互いにすり抜けながら上昇することがわかった。これはマグモンという名前がつけられて、実際のマントルでも存在すると言われているものだ。

マントルの深部からの鉱物がもたらす情報もある。ダイヤモンドは南アフリカやロシア、ブラジル、インドなどの大陸地域に噴出した、マグマに取り込まれたマントルの岩石に含まれている。ごく最近になって日本でも初めて発見されたダイヤモンドも同じである（Mizukami *et al.*, 2008）。おもしろいことが二つある。一つはダイヤモンドが作られた年代をはかって見ると、ダイヤモンドをマントルから運んだマグマはたかだか一・八億年前頃に噴出しているのにもかかわらず、一八億年から三〇億年前と大変古いことだ。二つ目は、ダイヤモンドの中に微小な鉱物がたくさん含まれていて、その鉱物が深部マントルである六六〇㎞よりも深い下部マントルで安定なものもあったのである。当然ダイヤモンドも下部マントルで作られたということだ。ところが、このダイヤモンドを取り囲むマントルの鉱物は、たかだか深さ二〇〇㎞で長時間とどまっていたことが確かなのである。このことは深部マン

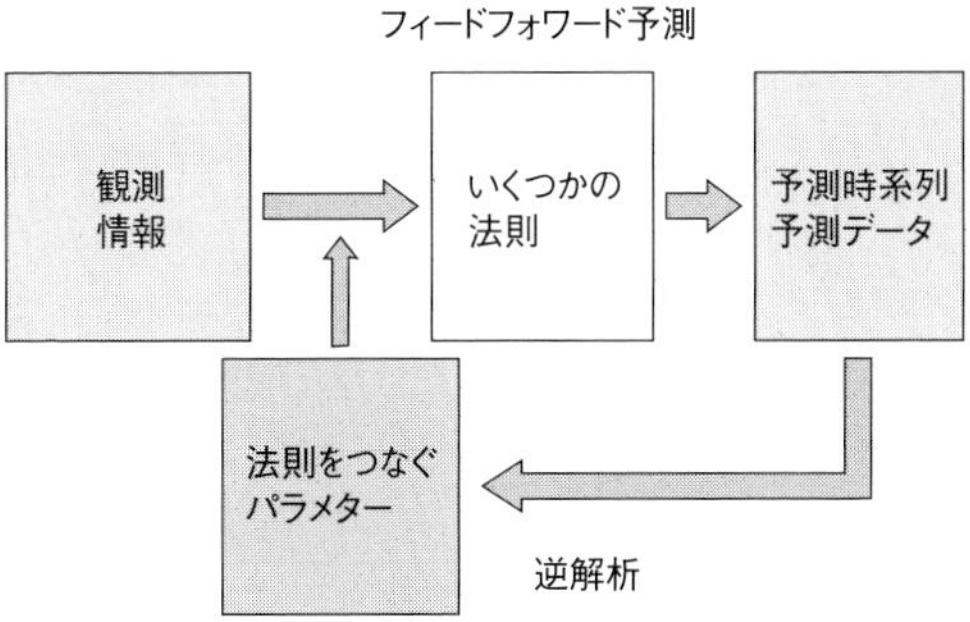

図 4-6　フィードフォワード逆解析の概念図

時系列やさまざまな観測データを，階層を持つモデル式を使い予測量を与え、それをモデル式と比較することで，モデリングを精密化することができる．

トルである下部マントルの岩石が二〇〇㎞の上部マントルにまで上昇してきたと考えざるを得ない。こうして下部マントルから上部マントルへの動きが示された。

こうなると、下部マントルでも活発な対流の運動があることが確信され、その中に沈み込むプレートやそれとともに下部マントル深部へと持ち込まれる地殻物質の中にダイヤモンドを作る炭質物もあったに違いないと思われる。すると最近になってCTスキャンでイメージ化された南西太平洋の深部マントル、深さ一五〇〇㎞あたりでマグマらしいものを持つ領域は、プレートに乗って下部マントルの底へと持ち込まれた地殻の岩石が、活発な熱い上昇流となってのぼってきて融け、マグマを持つようになったものかもしれない。ここで述べたことがらは可能な一つのモデルであって、ダイナミックなマントルの動きと状態変化を、きちんとした物理モデルを取り入れたフィードフォワード逆解析法によって、観測データからイメージ化するのがこれからの問題であろう（図4-6）。

(6) 今後の地球科学と予測観測

プレート運動やマントルの運動は大きく見るとよくわかったことがらである。現在のプレート境界がどこにあって、どのくらいの速さで移動しているかは答えられる。六億年前や、二億年後の大陸の分布や日本列島の位置も推定できる。しかしこれだけでは今起こっている地球の現象は、まるでわかったことにならない。

火山噴火はマグマが噴出することであり、マントルの一部分が融けることに原因があること、地震が地殻やマントルの急なすべりであり、プレートの運動がその原因であることも知っている。しかし日本列島では、断層の位置もプレートの動きもわかっているのに、どうして断層で起こる地震や噴火が予測できないのだろうか。これまでの理解は、噴火や地震の過程についての断片的な知識をつないだに過ぎないからではないだろうか。

確かに地球の現象を総合的に理解することはたいへん難しい。なぜなら、総合的な観測データを調べるには、さまざまに違った様子のできごとに関連する、法則をつなげるモデルを作り上げないといけないからだ。たとえば地震発生と水は一見無関係と見える。しかし、水を含む岩石は脆くなるし、また、そこを通る地震波の速さが遅くなる。水は岩石の中の隙間に集まり、水の流れ方によって岩石の隙間の数も変化する。これらの変化がゆっくりと沈み込むプレートの動きと互いに強く関連し合っている。

この本の中で質も量も飛躍的に高くなった精度の観測が紹介された。そして新しい地球像の形成に向けて、巨大な観測システムが必要となり、設計され、作られてきたことについて解説がなされた。それらをまとめて見ると、地球科学のモデルの精緻なシミュレーションと、巨大な観測システム、および高温高圧実験や天然の岩石から読み解く研究が総合的にまとまった、予測観測システムと呼ぶべき巨大な複合観測システムが始まったといえよう。この章で述べてきたのは、そうした予測観測システムのありようである。予測観測システムを本当に有効なものにするには、新たに発見される現象も柔軟に取り入れることが大事だろう。

予測観測システムには、実験的に明らかにされ、確かめられた現象や法則、地殻やマントル、そして火山の地下やプレート境界にあった岩石を採取して、岩石に記録された現象を動かしている法則を使って、観測対象に特徴的な事象を検知する観測システムが有効である。本書の第1章では、地表に出ている岩石や地下から採取された岩石から、地球内部で起こった記録を読み取り、地震波を用いたCTスキャン探査のイメージにシームレスにつなげるモデルシステムを語った。第2章では、海底観測ネットワークについて紹介された。それはいわば地球内部テレスコープである。そして第3章では、複雑なシステムや階層的なシステムをいかにシミュレーションするかについて語られた。それは固体地球システムのダイナミックな変動を再現するものなのだ。そのようなシステム地球科学があって初めて、予測的な地震科学や火山科学、さらに統合的な予測地球科学が進むのである。巨大地球観測システムはその革新の中軸にあるのだ。

参考文献

金子　勝・児玉龍彦（二〇〇四）逆システム学、岩波新書、二四三頁。
Mizukami, T., Wallis, S., Enami, M. and Kagi, H. (2008) Forearc diamond from Japan. *Geology*, 36, 219-222.
住　明正・平　朝彦・鳥海光弘・松井孝典編（一九九七）岩波講座地球惑星科学「地球内部ダイナミックス」、岩波書店、二六八頁。
登坂宣好・大西和栄・山本昌宏（二〇〇三）逆問題の数理と解法、東京大学出版会、二九四頁。

執筆者紹介（執筆時）

金田義行（かねだ・よしゆき）
(独)海洋研究開発機構 海洋工学センター部長
構造地震学・海底地震学

佐藤哲也（さとう・てつや）
(独)海洋研究開発機構 地球シミュレータセンターセンター長
宇宙空間科学・プラズマ物理学・シミュレーション科学

巽 好幸（たつみ・よしゆき）
(独)海洋研究開発機構 地球内部変動研究センタープログラムディレクター
マグマ学

鳥海光弘（とりうみ・みつひろ）
東京大学大学院 新領域創成科学研究科教授
レオロジー・岩石学・複雑地球惑星科学

索引

ア行

アスペリティ　64, 68
アセノスフェアー　5, 43
アトラクター　140
アルゴリズム　96, 105
安山岩　26
伊豆・小笠原・マリアナ弧（IBM）　20
異方性　59
イリジウム　14
インバージョン解析　135
イン・ヤン（陰陽）座標系　107
オフィオライト　39, 45
——モデル　39
オマーン　45
オーロラ　118
温室期地球　28
温室効果ガス　8
オントンジャワ海台　30, 35

カ行

外核　102
海溝型巨大地震　5
海山・海嶺の沈み込み　56
海底観測ネットワーク　67, 72
海底掘削　3
海底ケーブル　73, 77
海底合成開口レーダー（海底SAR）　80
海底地震計　55
海底地震・津波観測システム（DONET）　75
海洋地殻　6, 10, 17, 20, 37
海洋島弧　20
海洋プレート　4
海洋無酸素事変（OAE）　30
カオス　140
核　32, 49, 102
花崗岩　32
火山　5, 79, 146
——活動　51
カス1号　10
下部マントル　144
釜石沖　66
岩石学的構造モデル　24
カンラン岩　7, 38, 40, 142
逆解析　134
逆システム学　135
逆問題　87
九州・パラオ海嶺　22
巨大海台　17, 30
巨大火成岩石区（LIP）　30
巨大地震　54, 64, 68, 113, 141
掘削　3
屈折法探査　56
熊野灘　72
雲・雨形成超水滴アルゴリズム　120
雲形成　119
クーラン条件　106
繰り返し地震　65

グローマーチャレンジャー　11
玄武岩　10, 25
高速 ACuTE 解法　108
高速フーリエ変換法（FFT 法）
　96, 108
古海嶺　44
黒色頁岩　30
コンドライト　40
コンピュータ　86, 92
コンピュートニク　101

サ行

細胞理論モデル　89
三次元反射探査法　60
時間積分　99
磁気流体（MHD）方程式　102
時系列逆解析　139
四国海盆　22, 44
自己組織化　117
地震　5, 49, 112, 129
　——活動　51
　——観測　48
　——計　49, 54, 72
　——計ネットワーク　62
　——の巣　5, 72
　——波速度　21, 37, 51
　——波速度構造　59
　——発生帯　17, 19
　——波伝播シミュレーション
　112
　——波トモグラフィー　54
システムインバージョン　135
システム丸ごとシミュレーション
　100
沈み込み境界　54
沈み込み帯　5
シミュレーション　36, 86, 137
シーモア・クレイ　93
順解析　134
　——法　129
ジョイデスレゾリューション　13
衝上　39
上部マントル　59, 145
深海堆積物　4
水圧計　70, 72
スカラ演算器　93
スカラコンピュータ　95
スカラシミュレータ　118
スーパーコンピュータ　36, 95
スピネル　41
スリップゾーン　64, 68
石油　29
相似地震　64

タ行

ダイヤモンド　125, 144
太陽風プラズマ　118
大陸棚　23
大陸地殻　6, 17, 20
　——形成モデル　24
多重な関係　134
縦波　23, 49
ダンスガード・オシュガーサイク
　ル　4
地殻　49, 127, 130, 141
　——内微生物　9
地下生物圏　17
ちきゅう　17, 36, 72, 88
地球温暖化　8, 28
地球環境変動　4, 17

地球システム　16, 28, 125
地球磁場　32
地球シミュレータ　100
——センター　105
地球テレスコープ計画　47, 67, 73, 78, 90
地球内部シミュレーション　102, 110
地磁気静穏期　32
地磁気ダイナモ　32, 110
地層　3
中部地殻　21, 26
チューリングの数学定理　92
超粒子法　96
低周波微動　67, 68
テクタイト　14
データ同化　141
——法　136
電気探査　78
統合国際深海掘削計画（IODP）　2, 15
東南海地震　72, 113
十勝沖地震　61
トランジスタ　92

ナ行

内核　102
ナヴィエ・ストークス方程式　103, 118
南海トラフ　5, 55, 64, 69
——地震発生帯　19
日本海　14, 23, 44
日本海溝　5, 55, 64, 69

ハ行

背弧海盆　22, 44
白亜紀　28
——・第三紀境界　14
反射法地震探査　55
東太平洋海膨　45
非線形性　132
非線形・非平衡科学　95
非線形問題　93
フィードバック　128
——システム　129, 134
フィードフォワードインバージョン　136
フィードフォワード逆解析　136, 139, 141
フィードフォワード順解析　135
フォワードモデリング　128
フォン・ノイマン　93
付加体　8
部分シミュレーション　96
プラズマ物理　96
プルーム　33, 53
プレート　5, 53, 104
——境界　56, 64, 68, 126, 133, 141
——沈み込み型巨大地震発生サイクル　113
——ダイナミクス　109
——の沈み込み　4, 31, 133
プロジェクト IBM　20
プロジェクト LIP-OAE　28
プロジェクト Mohole　36
分岐断層　56, 72
分子動力学（MD）シミュレーシ

ョン　89, 115
ベクトルアーキテクチャ　93
ベクトルコンピュータ　95
ベクトルシミュレータ　118
ペロブスカイト　41
変動帯　5
方程式系　86

マ行

マグマ活動　30
マグマ溜り　79
マグマドロップ　144
マグモン　144
枕状溶岩　38
マクロシミュレーション　114
マクロプロセス　114
マントル　5, 6, 30, 36, 49, 103, 127, 130, 137, 141
——ウェッジ　32
——対流　53, 108, 132
ミクロシミュレーション　117
ミクロプロセス　114
水　60, 64, 67, 68, 133, 146
ムーアの法則　93
メタンハイドレート　7, 17
モホ面　10, 26, 37
モホール計画　10, 42

ヤ行

ゆっくり地震　67, 68
要素還元科学　98
横波　23, 49
予測観測システム　147

ラ行

ライザー掘削　15, 18
理想化シミュレーション　96
リソスフェアー　5, 42
連結階層シミュレーション　85, 117

アルファベット

DONET　75
DSDP　11
ENIAC　92
FFT 法　96, 108
IBM　21
IODP　2, 15
IPOD　12
LIP　30
MORB　42
NanTroSEIZE 計画　19, 72
NEPTUNE 計画　77
OAE　30
ODP　13
P 波　23, 49
——伝播速度分布　23, 37
S 波　23, 49

先端巨大科学で探る地球

2008年6月2日　初版

［検印廃止］

著　者　金田義行
佐藤哲也
巽　好幸
鳥海光弘

発行所　財団法人　東京大学出版会
代表者　岡本和夫
113-8654　東京都文京区本郷7-3-1
電話03-3811-8814　FAX 03-3812-6958
振替00160-6-59964

印刷所　株式会社平文社
製本所　株式会社島崎製本

© 2008 Yoshiyuki Kaneda *et al.*
ISBN 978-4-13-063707-7　Printed in Japan

Ⓡ〈日本複写権センター委託出版物〉
本書の全部または一部を無断で複写複製（コピー）することは，著作権法上での例外を除き，禁じられています．本書からの複写を希望される場合は，日本複写権センター（03-3401-2382）にご連絡ください．

阪口秀・草野完也・末次大輔 編　階層構造の科学　宇宙・地球・生命をつなぐ新しい視点　A5判　二八〇〇円

日本第四紀学会・町田洋・岩田修二・小野昭 編　地球史が語る近未来の環境　4 6判　二四〇〇円

東京大学地球惑星システム科学講座 編　進化する地球惑星システム　4 6判　二五〇〇円

川上紳一 著　縞々学　リズムから地球史に迫る　4 6判　三〇〇〇円

鹿園直建 著　地球システム科学入門　A5判　二八〇〇円

池谷仙之・北里洋 著　地球生物学　地球と生命の進化　A5判　三〇〇〇円

熊澤峰夫・伊藤孝士・吉田茂生 編　全地球史解読　A5判　七四〇〇円

ここに表示された価格は本体価格です。ご購入の際には消費税が加算されますのでご諒承下さい.